CADERNO DE RECEITAS DE CONCRETO ARMADO

Volume 3 - Lajes

O GEN | Grupo Editorial Nacional – maior plataforma editorial brasileira no segmento científico, técnico e profissional – publica conteúdos nas áreas de ciências exatas, humanas, jurídicas, da saúde e sociais aplicadas, além de prover serviços direcionados à educação continuada e à preparação para concursos.

As editoras que integram o GEN, das mais respeitadas no mercado editorial, construíram catálogos inigualáveis, com obras decisivas para a formação acadêmica e o aperfeiçoamento de várias gerações de profissionais e estudantes, tendo se tornado sinônimo de qualidade e seriedade.

A missão do GEN e dos núcleos de conteúdo que o compõem é prover a melhor informação científica e distribuí-la de maneira flexível e conveniente, a preços justos, gerando benefícios e servindo a autores, docentes, livreiros, funcionários, colaboradores e acionistas.

Nosso comportamento ético incondicional e nossa responsabilidade social e ambiental são reforçados pela natureza educacional de nossa atividade e dão sustentabilidade ao crescimento contínuo e à rentabilidade do grupo.

CADERNO DE RECEITAS DE CONCRETO ARMADO

Volume 3 - Lajes

Egydio Pilotto Neto

Engenheiro Civil na antiga Escola de Engenharia de Taubaté
Pós-Graduado na Universidade de São Paulo (USP)
Professor na Universidade Paulista (Unip)

Apesar dos melhores esforços do autor, do editor e dos revisores, é inevitável que surjam erros no texto. Assim, são bem-vindas as comunicações de usuários sobre correções ou sugestões referentes ao conteúdo ou ao nível pedagógico que auxiliem o aprimoramento de edições futuras. Os comentários dos leitores podem ser encaminhados à **LTC — Livros Técnicos e Científicos Editora** pelo e-mail ltc@grupogen.com.br.

Travessa do Ouvidor, 11
Rio de Janeiro, RJ – CEP 20040-040
Tels.: 21-3543-0770 / 11-5080-0770
Fax: 21-3543-0896
ltc@grupogen.com.br
www.grupogen.com.br

Capa: Thallys Bezerra
Imagem: ©Lee Yiu Tung | iStockphoto.com
Editoração Eletrônica: Imagem Virtual Editoração Ltda.

CIP-BRASIL. CATALOGAÇÃO NA PUBLICAÇÃO
SINDICATO NACIONAL DOS EDITORES DE LIVROS, RJ

P693c
Pilotto Neto, Egydio
Caderno de receitas de concreto armado, volume 3 : lajes / Egydio Pilotto Neto. - 1. ed. - Rio de Janeiro : LTC, 2018.
il. ; 21 cm.

Anexo
Inclui bibliografia e índice
ISBN 978-85-216-3434-8

1. Engenharia de estruturas - Estudo e ensino. 2. Alvenaria - Estudo e ensino. 3. Blocos de concreto - Estudo e ensino. I. Título.

17-43057 CDD: 624.01
CDU: 624.1

À minha mãe, que alicerçou minha vida para eu ser o ser que sou.
À minha esposa, que com o amor, me ajudou a edificar uma família.
Aos meus filhos, que, com seus feitos, constroem o presente.
Aos meus netos, que se preparam para ser os realizadores do futuro.

O conhecimento se adquire com a leitura.
O respeito ao saber se aprende com o exemplo.
A sabedoria se revela com a conduta.

Agradeço ao Engenheiro Marcos Ulrich Fernandes pela estimada contribuição na elaboração e revisão desta obra.

PREFÁCIO

Escrever um livro é como redigir uma longa carta endereçada a alguém que não conhecemos e cujo endereço ignoramos, mas que compartilha conosco o prazer da leitura na busca do conhecimento. O livro é uma missiva sem destinatário certo, aberta a todos que desejem conhecer seu conteúdo. Uma correspondência que não exige resposta, a não ser aquela que a estatística revela na contagem de sua aceitação.

Este livro foi escrito sem outra intenção que não aquela de ser um conjunto de anotações práticas escritas ao longo do tempo para explicar; buscando uma relativa simplicidade, como se pratica a engenharia estrutural sem grandes incursões nos meandros da dedução de fórmulas matemáticas complexas.

O objetivo maior desta obra é mostrar como se faz, e não se destina propriamente a ensinar como fazer. Nosso desejo é servir como mola propulsora que, vencendo a inércia do desconhecimento, cria condições para os iniciantes no estudo das estruturas entenderem aquilo que parece ser extremamente complexo e de difícil concepção.

É no domínio do conhecimento elementar que se define a trajetória de um avançado saber. Ninguém se excede em sabedoria se o seu saber se sustenta apenas no limitado conhecer. É preciso perceber a razão de ser daquilo que nos chega como notícia para transformá-la em um fato.

O conhecimento sobre determinado assunto não é somente uma questão de leitura e sim de compreensão daquilo que se está lendo. De que vale estudar Cálculo Integral se não começarmos pelo entendimento do que é Derivada e para que servem as Equações Diferenciais.

O ensino acadêmico se apresenta sob dois aspectos. De um lado realça assuntos que na prática se revestem apenas de caráter ilustrativo; de outro, aglomera em uma curta carga horária assuntos que parecem supérfluos, mas que deveriam ser mais explorados por serem necessários na prática do dia a dia do engenheiro que lida com a estabilidade das construções.

Quando se trata de buscar o equilíbrio de uma estrutura, os cálculos matemáticos devem ser exatos, mas na maioria das vezes apresentam um grau de precisão que carece de confiança. É aí que deve entrar o fator decisivo do conhecimento. Os valores considerados para o carregamento da obra dificilmente são precisos em face da extrema dificuldade para seu levantamento sem erro. Então, de que adianta a exatidão dos cálculos se os dados são estimados ou obtidos em tabelas que trazem consigo o fator da generalidade que transforma em comuns valores que devem ser particularizados.

Esse argumento usado para invalidar a necessidade da exatidão matemática no cálculo das estruturas tem até certo ponto sua validade. Mas é preciso lembrar que existem quantidades que permitem aproximações sem alterar significativamente o resultado. Dentro das limitações que as Normas Técnicas nos impõem em face da segurança, tudo que não é proibido é permitido, dentro dos limites da coerência estética e de custo da obra. Cálculos grosseiros só devem ser feitos na fase de pré-projeto.

Por isso que o único argumento capaz de simplificar manobras matemáticas, sem que a alteração redunde em erro significativamente grande, é o que se baseia na lógica do que é chamado conhecimento.

Quando um assunto é plenamente sabido, as intrincadas equações matemáticas dão lugar à habilidade do raciocínio para obter a solução. Muitas vezes usando métodos aproximados adequados encontramos resultados que são quase os mesmos que os obtidos com uso das fórmulas que fornecem resultados exatos.

A exatidão no cálculo estrutural vai além dos resultados de valores matemáticos exatos. A interpretação desses resultados e as previsões das consequências fazem parte do cabedal de conhecimentos que deve ter um engenheiro que se intitula calculista de estruturas.

Neste volume teremos a atenção voltada para as lajes. As lajes são elementos estruturais que juntamente com as vigas e pilares formam a ossatura da obra. A laje serve de separação entre os andares de um edifício, tendo como função servir de piso do andar superior, e teto do inferior. Uma referência de utilização de longa data de lajes é encontrada nos Jardins Suspensos da Babilônia, onde a pedra lamelar era usada como laje.

As lajes são os elementos da estrutura destinados ao suporte das cargas aplicadas verticalmente. Essas cargas podem ser fixas ou móveis.

Tomando-se como exemplo uma estrutura de ponte, o peso de sua infraestrutura somado ao de sua superestrutura formam a carga fixa. Os pesos dos veículos que passam sobre a ponte, acrescidos de um coeficiente de impacto devido ao movimento, se constituem na sobrecarga para a qual a ponte foi construída.

Generalizando, podemos afirmar que toda e qualquer estrutura deve suportar uma carga fixa que é seu peso próprio.

Surge daí a primeira dificuldade: se a estrutura será dimensionada em função da carga a ser nela aplicada e uma parte da carga é seu peso próprio, ainda desconhecido, como proceder para saber qual será esse peso? Isso só pode ser feito por tentativa e ser confirmado posteriormente.

Sabendo que o peso específico do concreto armado apresenta um valor médio de 2500 kg por metro cúbico, independentemente da porcentagem da armadura, basta conhecer a espessura da laje que resulta no imediato cálculo do peso próprio em quilos ou toneladas por metro quadrado.

A qualidade de um projeto de estrutura não se prende apenas à correção dos cálculos, mas também depende da correta avaliação das cargas. Para um bom desempenho ao ter que enfrentar seu primeiro trabalho, o jovem engenheiro deve ter em mente dez princípios. São eles:

1) Para ser um bom construtor é necessário primeiro observar como se faz para entender como é feito; só depois se torna possível aprender a fazer.
2) Não confiar cegamente no resultado do computador. Se os dados de entrada forem inadequados, os de saída serão falsos. Somente um aguçado grau de conhecimento se torna capaz de apontar o erro.
3) A concepção da estrutura é fundamental para a elaboração do projeto. Para entender uma obra de engenharia é preciso imaginar a estrutura no espaço antes de colocá-la no plano.
4) Não se deve deixar detalhes de projeto para serem resolvidos no canteiro de obras. Mas, cuidado, excesso de informações podem confundir em vez de esclarecer.
5) Cálculos muito minuciosos são em geral dispensáveis e se tornam supérfluos. Tudo que é supérfluo se torna nocivo.
6) Na execução de uma obra ou serviço, deve haver sempre um responsável pelo conjunto de todas as tarefas.
7) No concreto armado os materiais não devem ter suas quantidades alteradas. De nada adianta um número elevado de ferros se não houver um comprimento suficiente de ancoragem.
8) É importante lembrar que o aumento da seção de ferros pode se tornar perigosa quando não houver um acréscimo equivalente na seção de concreto. O concreto pode se romper por excesso de compressão.
9) Nem sempre a resistência do concreto corretamente especificada no projeto serve de parâmetro de resistência da estrutura contra deformações excessivas. É importante que seja feito um controle na obra com o teste em corpos de prova.
10) Todo projeto estrutural deve conter instruções para o cimbramento e descimbramento. Depois da concretagem, a retirada do escoramento deve ser feita após um tempo mínimo decorrido após o lançamento do concreto na fôrma e deve respeitar o aumento gradativo do vão, sendo feito do centro para os apoios.

O Autor

AGRADECIMENTOS

Agradeço a todos aqueles que colaboraram na confecção deste volume e dos outros dois da tríade, em particular aos engenheiros:

José Eduardo Machado Pilotto pelos contatos mantidos com a editora e orientação no procedimento para tornar a obra mais prática.

Marcos Ulrich pelo trabalho de digitação e as opiniões a respeito da obra.

Agradeço ainda à professora e advogada Simone Pilotto pelas sugestões e correções.

À Liliane e Adriano pelo incentivo.

À Eglè pela paciência em ouvir minhas ideias e estimular meu ânimo.

SOBRE O AUTOR

Estudou na Academia Militar das Agulhas Negras, na Arma de Engenharia, tendo trabalhado na construção de obras de arte (pontes, túneis e viadutos) de estradas cuja execução estava a cargo do Exército.

Complementou a formação como Engenheiro Civil na antiga Escola de Engenharia de Taubaté.

Pós-Graduação em Engenharia de Segurança do Trabalho na USP.

Pós-Graduação em formação do docente no ensino a distância na Unip.

Lecionou em faculdades do Vale do Paraíba.

Atualmente é professor na Universidade Paulista (Unip).

Entre os projetos estruturais que merecem destaque estão:

- base para lançamento de foguetes em Alcântara, Maranhão. Projeto espacial brasileiro.
- base do radar de rastreamento de satélites do INPE.
- base para torre metálica sobre prédio na Av. Paulista – SP.

É autor do livro *Cor e Iluminação nos Ambientes de Trabalho* (1980).

Material Suplementar

Este livro conta com o seguinte material suplementar:

- Ilustrações da obra em formato de apresentação (restrito a docentes)

O acesso ao material suplementar é gratuito. Basta que o leitor se cadastre em nosso *site* (www.grupogen.com.br), faça seu *login* e clique em GEN-IO, no menu superior do lado direito. É rápido e fácil.
Caso haja alguma mudança no sistema ou dificuldade de acesso, entre em contato conosco (sac@grupogen.com.br).

GEN-IO (GEN | Informação Online) é o repositório de materiais suplementares e de serviços relacionados com livros publicados pelo GEN | Grupo Editorial Nacional, maior conglomerado brasileiro de editoras do ramo científico-técnico-profissional, composto por Guanabara Koogan, Santos, Roca, AC Farmacêutica, Forense, Método, Atlas, LTC, E.P.U. e Forense Universitária.
Os materiais suplementares ficam disponíveis para acesso durante a vigência das edições atuais dos livros a que eles correspondem.

SUMÁRIO

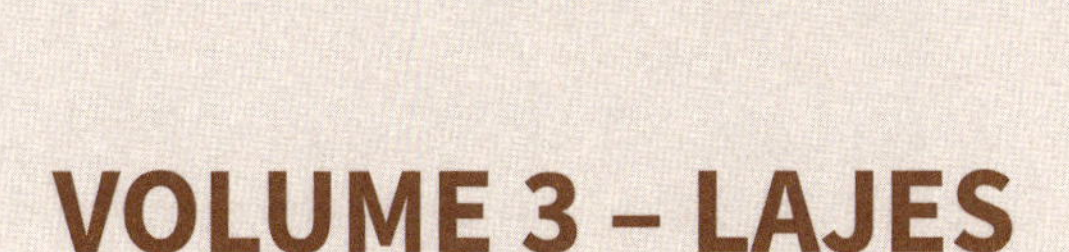

VOLUME 3 – LAJES

CAPÍTULO 1

A ENGENHARIA ESTRUTURAL

1.1 CONCEITO DE ESTRUTURA

As obras de engenharia civil têm como finalidade o domínio de quatro funções:

1) abrigar,
2) conter,
3) movimentar,
4) transpor.

Abrigar é dar proteção. Qualquer obra que tenha por finalidade proteger contra as intempéries e demais condições hostis ao ser humano e ao material está classificada nessa função. Unidades habitacionais, edificios de escritório, hospitais, garagens, estabelecimentos comerciais, fábricas e demais edificações com paredes e cobertura são exemplos dessa função da engenharia.

Conter é dar condição de suporte e equilíbrio a tudo aquilo que está sujeito à ação da gravidade e deve ser impedido de se movimentar. Um exemplo seria o muro de arrimo para contenção de terreno.

Movimentar é dar condições de movimentação a tudo aquilo que deve ir de um lugar para outro. Canalizações, tubos, bueiros, estradas e demais obras que permitam algum tipo de escoamento são obras de construção que se enquadram nessa função de levar ou conduzir.

Transpor é ultrapassar obstáculos que impedem a continuidade do movimento. É o caso das pontes e viadutos.

Cada uma dessas funções exige um determinado tipo específico de estrutura.

1.2 DEFINIÇÃO DE ESTRUTURA

Em um conceito universal, recebe a denominação estrutura a disposição especial das partes de um todo, consideradas nas suas relações recíprocas de tal forma que o conjunto da estrutura se mantenha em equilíbrio.

Dentro dessa abrangência, compreende-se o termo "estrutura" como tendo aplicação em diversas áreas de atividade humana nas quais cabe o conceito de organização funcional. Assim, temos diferentes modalidades de estrutura: a "estrutura social", que se refere a um padrão de compatibilidade e equilíbrio na relação entre indivíduos de vários níveis sociais; a "estrutura biológica", que é ordenada a partir de átomos e moléculas formando as células, os órgãos e organismos que se mantêm em equilíbrio para a manutenção da vida; a "estrutura familiar" com sua escala progressiva de filho, pai e avô, e assim por diante.

Em engenharia, a estrutura é uma composição de elementos ligados entre si e com o meio exterior de modo a formar um conjunto estável capaz de receber solicitações externas e absorver internamente os esforços recebidos transmitindo até seus apoios.

Engenharia estrutural é o ramo da engenharia que utiliza os princípios da Mecânica dos Sólidos para execução dos cálculos de engenharia. Para que se mantenham estáveis, as obras devem ser executadas com projetos adequados feitos por profissionais capacitados.

A elaboração de um projeto estrutural deve passar por cinco etapas:

1) criação do esquema estrutural,
2) definição das cargas ou forças que atuam na estrutura,
3) cálculo dos esforços e deformações,
4) dimensionamento das peças estruturais,
5) detalhamento do projeto para execução.

1.3 ESTRUTURA TRIDIMENSIONAL

Cada peça e o conjunto de peças que compõem uma estrutura ocupam um espaço de uma determinada forma. Assim, as dimensões podem ser dispostas das formas a seguir apresentadas:

Disposição n.º 1: as três dimensões são significativas. Estão incluídos nesse caso os blocos de fundação.

Disposição n.º 2: duas dimensões significativas em relação a uma terceira, e o corpo se configura como uma placa. É o caso das lajes.

Disposição n.º 3: uma dimensão é significativa em relação às outras duas, e o corpo se apresenta alongado, em forma de barra. Incluem-se aqui as vigas e pilares.

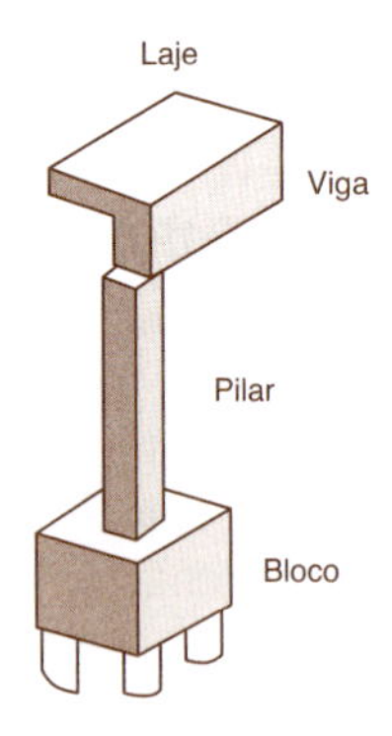

Figura 1.1 Relação entre dimensões.

1.4 OBJETIVOS DA ENGENHARIA ESTRUTURAL

A engenharia de estruturas tem como objetivo dar condições de estabilidade às obras de engenharia que desempenham uma das quatro funções já descritas: abrigar, conter, movimentar e transpor. Para cada uma dessas funções há um tipo de estrutura com características próprias ligadas à finalidade a que se destinam.

Para a função de abrigar, as estruturas são constituídas dos elementos tradicionais das estruturas de concreto armado: elementos de fundação, estruturas de vedação e cobertura. O cálculo estrutural é realizado para cargas agindo preponderantemente na vertical.

Para obras de contenção, em geral, a carga tende a ser dirigida na direção horizontal.

No caso da função de movimentar, os exemplos são dispersos, e a característica da estrutura é de suporte de cargas verticais e horizontais.

Para a função de transpor, o modelo que se apresenta é dos diferentes tipos de estruturas para cargas móveis, verticais, horizontais e transversas.

Para melhorar cada vez mais o desempenho nessas funções, o homem buscou o desenvolvimento por meio da tecnologia e sua evolução através do tempo. Contudo, certos princípios continuam válidos em razão de conterem em sua essência os mesmos fundamentos da Física que deram validade aos princípios da Estática. Alguns desses princípios continuam válidos para manter o equilíbrio das estruturas, como no caso das pontes, que evoluíram com o tempo, mas em que são encontrados alguns fundamentos que outrora eram usados em pontilhões que davam passagem para carruagens e que na atualidade dão lugar às pontes para a passagem de potentes "carrões".

Na chamada evolução através do tempo, mudaram os materiais e os métodos construtivos, mas os princípios que nortearam a construção das antigas pontes continuam válidos, mesmo com o passar do tempo.

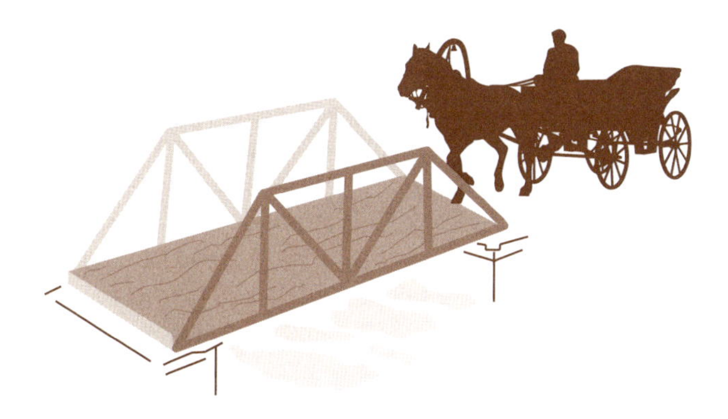

Figura 1.2 Transpondo obstáculos.

1.5 A QUARTA DIMENSÃO

A evolução das técnicas construtivas e dos materiais se dá como uma sucessão espontânea, natural e necessária de eventos através do tempo, com suas consequências nas obras de engenharia. Não nos referimos aqui ao tempo contado no cronograma de obra, mas ao tempo que tem infuência no comportamento dos materiais tais como a fadiga, a deformação lenta e a deterioração. Por isso a vida útil de uma obra depende também da inclusão do fator tempo nos cálculos, como uma quarta dimensão.

Essa quarta dimensão é como uma visão antecipada do que poderá acontecer com a estrutura, capaz de causar a perda do equilíbrio. Como essa dimensão não tem uma medida direta, pois se trata de uma estimativa, sua representação nas equações é feita em termos de porcentagem.

Como exemplo, podemos apresentar a deformação lenta, que tem como causas a química do cimento e o gradativo aumento da carga a cada vez que o pedreiro assenta um tijolo na estrutura.

Figura 1.3 Construção da alvenaria.

1.6 INTERFERÊNCIA DO TEMPO

A ideia de tempo é a mais familiar e conhecida, porém extremamente complexa para uma explicação. O tempo é uma dessas evidências da existência do inexistente. Sabemos da existência do tempo pelos seus efeitos.

Passível de ser medido como uma sucessão de eventos, só o presente parece existir, mesmo sendo tão pouco duradouro. E, quando confinado entre o passado e o futuro, tende a ser matematicamente nulo por ser instantâneo quando ocorre algum fenômeno. Contudo, o tempo existe como marco ideal e indivisível entre o que já aconteceu e o que irá acontecer. É, portanto, algo subjetivo, sem subsistência por si mesmo, mas necessário para a ocorrência de qualquer fenômeno da natureza.

O tempo é reconhecido pela lembrança do passado, retida na memória, bem como pela percepção do fato presente, com o ensinamento que nos reserva e dele decorre, e, ainda, pela expectativa do que irá acontecer no futuro, ou seja, no presente vindouro. Conclui-se daí que o tempo só tem existência numa concepção mental, e sua visão só pode ser através do intelecto, pois não pode ser captado pelo olho. A imagem do tempo somente pode ser vista numa representação simbólica.

A noção de passagem do tempo deriva do movimento. O cérebro humano mede o tempo por meio da observação dos movimentos naturais e da repetição de eventos cíclicos, como o nascer e o pôr do sol.

Se alguém for colocado dentro de uma sala vazia, sem comunicação alguma com o exterior e sem relógio, essa pessoa começará a perder a noção do tempo, por falta de um referencial móvel que permita a contagem de uma cadência repetitiva. Mas se a sala for iluminada por uma vela, a mente voltará a perceber a passagem do tempo pelo consumir do pavio e o derreter da cera da qual é feita a vela.

Figura 1.4 A visão do tempo.

Quando você vive uma experiência pela primeira vez, o cérebro dedica muitos recursos para compreender o que está acontecendo. É quando você se sente mais ativo e o tempo parece "render" mais. À medida que a mesma experiência se torna repetitiva, menor é a atividade mental para realizá-la e mais depressa o tempo parece passar. Um exemplo é o final de semana.

Se você fica em casa na rotina de assistir a um programa de TV, num piscar de olhos já é segunda-feira. Mas, quando se faz um passeio, há tanta atividade que parece termos aproveitado o dobro do tempo. É uma questão de intensidade de atividade mental.

Considera-se que não existe repouso absoluto e que todo corpo está em repouso relativo, uma vez que o Universo é dinâmico, e, ainda, que para os materiais o tempo flui de modo contínuo, tendo influência significativa no dimensionamento dos elementos estruturais de concreto, principalmente se considerarmos que o constituinte básico é um produto que apresenta reações químicas no decorrer do tempo. Esse material é o cimento.

Para aqueles que têm a curiosidade e pretendem se aprofundar no estudo do cimento, apresentamos como complemento, no final deste volume, uma ideia geral sobre a química do cimento e seu processo de fabricação.

Aconselhamos a sua leitura, pois o engenheiro de estrutura deve conhecer o produto com o qual vai tornar verdadeiro aquilo que sua imaginação criou e o cérebro conduziu para o resultado real.

Projetar é planejar um caminho de desenvolvimento das atividades a serem executadas, apresentadas de forma clara, detalhada e compatível com o objetivo a ser alcançado.

A finalidade do projeto de uma estrutura é permitir que esta atenda à sua função básica de absorção de esforços sem entrar em colapso e sem deformar ou vibrar excessivamente. O objetivo que o engenheiro estrutural busca é o melhor uso dos materiais disponíveis com o menor custo possível de construção. Para isso, deve possuir um tirocínio que permita desenvolver esquemas estruturais compatíveis e adequados a cada situação de suporte que a estrutura deve apresentar.

A percepção humana está condicionada a um modo subjetivo ou interpretativo de ver as coisas. Esse modo pode ser lógico, imaginativo e até mesmo ilusório. Na percepção de uma forma, o observador não se fixa inicialmente num detalhe, e inconscientemente associa o que vê a certo modelo que se tornou padrão em sua mente. Por exemplo, uma cadeira é um componente do mobiliário que existe praticamente em qualquer local onde haja necessidade de se sentar. Sugere portanto uma situação de repouso do corpo.

Da mesma forma, uma escada sugere a ligação entre dois níveis de alturas diferentes. Por isso, ao ver uma escada enxergamos imediatamente dois planos distintos. O estabelecimento de uma relação entre as propriedades da percepção e o entendimento do cerebro é essencial para a compreensão do significado daquilo que está sendo visto.

Como aplicação prática do que foi dito, proponho ao leitor o seguinte teste: em apenas 3 segundos dizer o número de degraus que tem a escada da figura a seguir.

Figura 1.5 A escada.

Se o caro leitor tentou contar o número de degraus é porque não percebeu que a escada da figura não tem existência lógica, é apenas uma ilusão de ótica. Na realidade existe apenas um plano, e tudo está no mesmo nível desse plano.

Isso ocorre porque uma escada sugere a ligação entre dois níveis de alturas diferentes.

1.7 RESPONSABILIDADE DA ENGENHARIA ESTRUTURAL

A engenharia estrutural não dá margem a equívocos de interpretação dos valores que irão produzir os resultados. Não basta calcular valores. É preciso saber interpretar os resultados.

Os gregos nos legaram notáveis conhecimentos, entre eles três princípios filosóficos que atingiram a Física de modo a se firmarem como verdadeiras regras:

1.º) Não existe efeito sem causa.
2.º) Nas mesmas condições, as mesmas causas produzem os mesmos efeitos.
3.º) Toda causa é universal, ou seja, segue os princípios das leis universais.

A Ciência não se baseia em exceções, mas estabelece os princípios na realidade objetiva que abrange um todo.

Devemos começar o estudo das causas pelas circunstâncias da situação e do momento em que o fato ocorreu.

1.7.1 Causas Circunstanciais

As causas se caracterizam pelas particularidades que acompanham os fatos. É importante saber em que circunstâncias se deu o ocorrido. Da mesma forma, as causas de um evento decorrem de fenômenos possíveis de ser conhecidos e avaliados. Para a análise de um fato, devemos partir do conhecimento referente a dois tipos de motivação que, presume-se, nos levam a entender a ocorrência de um fato.

a) Motivação pessoal.
b) Motivação ambiental.

Como motivação pessoal podemos citar a falta de prática ou de conhecimento teórico. No que se refere à motivação ambiental, temos a situação desfavorável do local de trabalho.

1.7.2 Causas Conceituais

Causas conceituais são aquelas que nos permitem uma avaliação com relação àquilo que se deseja conhecer. Como sabemos, um corpo é um conjunto de pontos materiais ligados entre si formando um sistema. Quando as ligações mútuas do conjunto de pontos materiais que formam o sistema guardam entre si a mesma posição relativa, diz-se que o sistema é invariável.

No sistema invariável, as ações mútuas dos pontos entre si, ações e reações, iguais e contrárias, se equilibram duas a duas, e o sistema permanece estável. Para isso existem métodos de cálculo que devem ser do conhecimento do engenheiro que dimensiona estruturas.

Na avaliação completa de um fenômeno, devemos dividir a questão proposta da seguinte forma:

- Fenômeno principal, cujo efeito tem que forçosamente ser avaliado numericamente.
- Fenômeno secundário, cuja influência basta ser apreciada de forma empírica.
- Fenômeno praticamente desprezível, que deve ser apenas considerado em forma de observação.

Para realizar esse tipo de classificação é necessário ter conhecimento teórico, além de certa vivência prática. É preciso lembrar que uma estrutura pode apresentar comportamentos diversos conforme seja analisada no plano ou no espaço.

Todo material sólido possui massa, o que se traduz no fato de apresentar três dimensões: comprimento, altura e largura.

A representação desses elementos estruturais, tridimensionais, é feita em uma folha de papel, que é um plano bidimensional. Como na engenharia estrutural não há lugar para distorções, veremos no próximo capítulo quais as regras que devem ser postas em prática para evitar falhas nessa representação.

CAPÍTULO 2

A VISÃO ESPACIAL

2.1 DOMÍNIO DO ESPAÇO

O engenheiro que se dedica ao projeto de estruturas deve em primeiro lugar se voltar para o estudo da geometria espacial, de tal forma a ser capaz de conceber mentalmente o comportamento de uma estrutura quando sujeita a um determinado tipo de esforço.

2.2 VISÃO EM PROFUNDIDADE

O início do entendimento a respeito do espaço se dá quando descobrimos que as linhas do Universo são todas curvas e que as retas são apenas um trecho da curva, razão pela qual é possível afirmar que as linhas paralelas se encontram num ponto que se situa antes do infinito, contrariando o conceito expresso na definição de paralelas como linhas contidas no plano, equidistantes em toda a sua extensão.

A rota de um navio é traçada por uma reta. Porém, como o navio navega numa superficie curva, a linha que determina a rota do navio tem uma curvatura. Assim, uma linha que é uma reta num plano, mas deixa de ser quando vista no espaço, não é verdadeiramente uma reta.

Figura 2.1 A reta curva.

Muitas vezes o engenheiro calculista de estrutura tem a necessidade de enxergar a estrutura na sua totalidade no espaço, de modo que se torne possível perceber a inter-relação entre os elementos da estrutura e a transferência de esforços, ocasião na qual se vê forçado a lançar mão de algum artifício que o ajude a enxergar além da condição natural da visão.

Portanto, nada mais adequado do que tecer rápidas considerações a respeito das técnicas do desenho projetivo no estudo das estruturas.

Dessa forma, a terceira dimensão do objeto representado no plano passa a ser o resultado de uma concepção mental.

O impedimento da passagem da luz pelo sólido opaco é que forma a sombra do contorno iluminado. A sombra não indica dimensões, somente a existência do objeto. A sombra nos auxilia na concepção de que o sólido geométrico se projeta para fora do plano do papel.

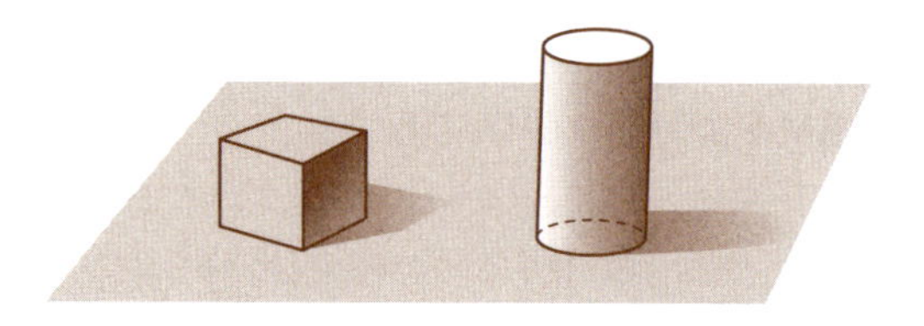

Figura 2.2 O destaque da sombra.

2.3 TRIDIMENSÃO DO ESPAÇO

Uma das grandes dificuldades da representação de um corpo no espaço no plano é mostrar a sua tridimensionalidade na bidimensionalidade do papel.

O desenho e a pintura da época medieval tinham quase sempre um tema religioso, em que a preocupação era a espiritualidade. Não se tratava de retratar uma realidade, portanto não se dava grande importância ao sentido de tridimensionalidade. No caso do projeto de uma estrutura, as três dimensões devem ser consideradas.

Para isso existem certas técnicas que permitem criar a sensação de terceira dimensão, mesmo sabendo que a figura se encontra no plano.

Uma dessas técnicas é o uso da sombra, que, embora seja uma forma de projeção em duas dimensões, nos permite a sensação de ver o objeto de forma tridimensional. A seguir, um cone é retirado do plano em que se apoiava, ficando apenas a sombra que é a representação plana do cone. O sentimento de uma terceira dimensão é o produto da sensação guardada na lembrança de um sólido geométrico real e o efeito de sua sombra.

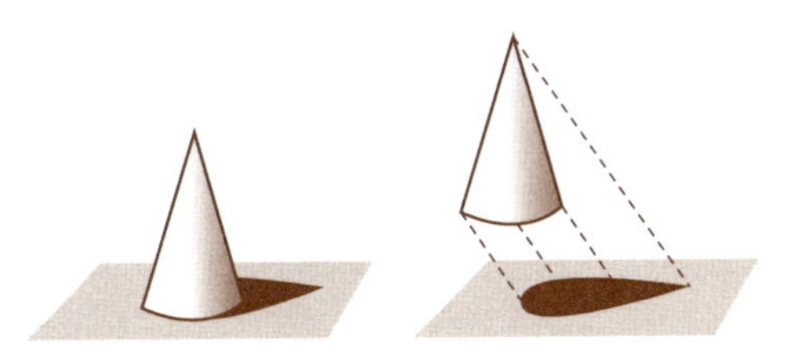

Figura 2.3 Saindo do papel.

Observe na figura como o cone parece saltar da folha de papel.

Outra forma de fazer essa representação é lançando mão da perspectiva.

O desenho em perspectiva veio provocar a sensação de profundidade, tal qual é percebida pelo órgão da visão. A perspectiva é um artifício de desenho de representação do objeto tal qual o vemos, quando observado de uma certa distância no espaço. A observação de qualquer coisa visível, no que se refere à posição do observador, é sempre relativa a um referencial. Esse referencial é o nível do olho de quem vê.

É a noção de posição que nos leva à compreensão do que vem a ser espaço, esse algo que nos separa materialmente um do outro e das coisas entre si.

O modo de se conseguir transmitir a sensação de volume num plano é o desenho projetivo, em que o objeto é projetado em planos ortogonais como se fosse visto pelo observador em três posições. Cada tipo de estrutura tem um comportamento próprio com relação à causa que lhe é imposta, ou seja, às forças que nelas são aplicadas. Por isso se torna tão importante a visão da estrutura como um todo para se conseguir entender o seu funcionamento e as consequências da aplicação de um esforço num elemento e sua consequência no outro.

2.4 ESTUDO DA PERSPECTIVA

Um dos precursores no estudo da representação gráfica da perspectiva foi Leon Battista Alberti, cujos ensinamentos de perspectiva geométrica vieram a influenciar o próprio Leonardo da Vinci.

Fato interessante ocorreu com Filippo Brunelleschi, outro célebre arquiteto da Renascença. Ele estava com um dilema. Um de seus abastados clientes desejava encomendar uma obra, mas só fecharia o negócio se pudesse ver como ficaria depois de pronta. Brunelleschi tinha duas alternativas: fazer uma miniatura ou mostrá-la num desenho. Optou pelo desenho, por considerá-lo mais fácil e de execução mais rápida. O arquiteto precisava apresentar como a obra ficaria depois de pronta, com suas três dimensões tal qual se apresentaria aos olhos de seu cliente.

Brunelleschi não podia cometer qualquer equívoco. Por essa razão, tratou de primeiro se dedicar aos estudos matemáticos da perspectiva geométrica, tornando-se um dos pioneiros na formulação das primeiras leis da perspectiva.

A representação do objeto no espaço por meio do uso da perspectiva cria a sensação de profundidade da figura. O desenho representado na folha de papel é executado em duas dimensões, enquanto na realidade a obra possui três dimensões que caracterizam sua estética e sua resistência.

O número de projeções é igual ao número de faces que podemos ver do objeto. No caso do cubo, qualquer que seja sua posição, não podemos ver mais que três faces, mesmo quando se muda a posição.

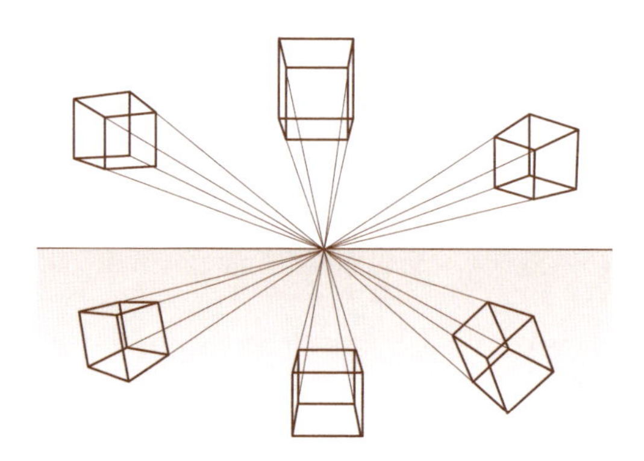

Figura 2.4 Projeções do cubo.

2.5 PRINCÍPIOS DA PERSPECTIVA

A perspectiva está fundamentada numa operação gráfica denominada "projeção", que estabelece uma relação entre o objeto no espaço e a sua representação no plano do desenho.

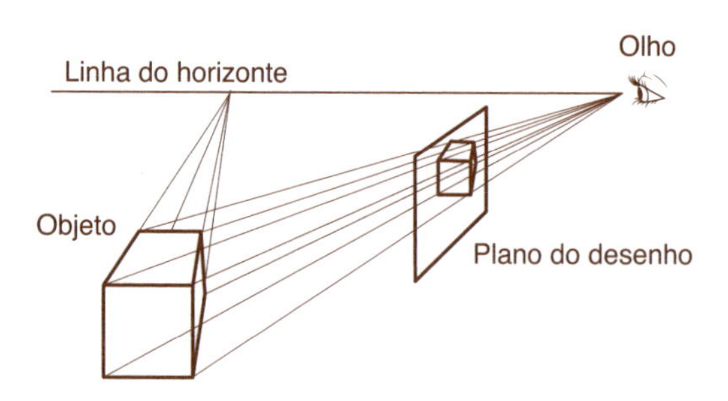

Figura 2.5 Princípios da perspectiva.

De cada ponto do objeto no espaço parte uma linha representativa do raio de luz que chega até o olho do observador. O plano do desenho se situa entre o objeto e o olho. Na posição em que o raio de projeção atravessa o plano, é o lugar em que aparecerá no desenho o ponto do objeto do qual partiu a linha.

A visão em perspectiva de uma paisagem transforma em convergentes as linhas paralelas, de modo a iludir a mente, criando uma imagem em que a profundidade se torna evidente.

Figura 2.6 Perspectiva de uma paisagem.

Essa relação entre o objeto no espaço e a sua representação no plano do desenho se baseia em quatro conceitos:

1.º) nível do olho: altura da qual o objeto é observado;

2.º) linha do horizonte: linha imaginária num plano horizontal que passa pelo olho do observador;

3.º) linhas convergentes: prolongamento das linhas paralelas do objeto, que tendem a se unir à medida que se aproximam da linha do horizonte;

4.º) ponto de fuga: ponto imaginário da linha do horizonte, para onde as linhas paralelas parecem convergir.

A perspectiva de um objeto é a sua projeção em uma superfície, projeção essa que o representa tal qual o vemos. Num desenho em perspectiva, é importante a posição da linha do horizonte (LH), linha imaginária que passa pelos olhos do observador e que serve de referência para a posição do objeto acima ou abaixo do plano horizontal que contém a linha do horizonte.

Quando prolongadas, as linhas do objeto vão se encontrar sobre a linha do horizonte (LH) num ponto chamado ponto de fuga. Veja no desenho da Figura 2.7.

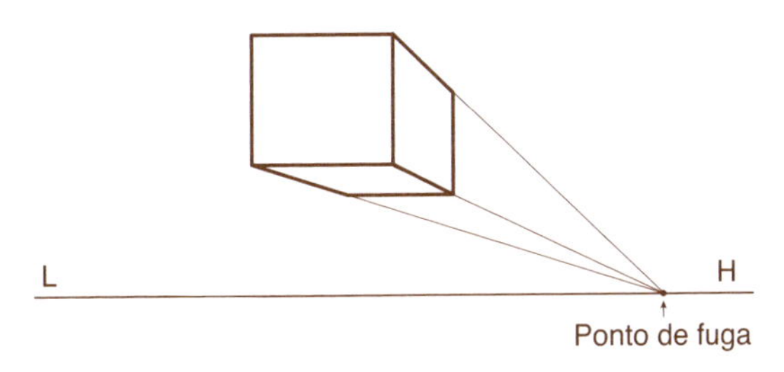

Figura 2.7 Ponto de fuga.

A Figura 2.8 é uma perspectiva de um cubo com dois pontos de fuga, visto acima e abaixo da linha do horizonte.

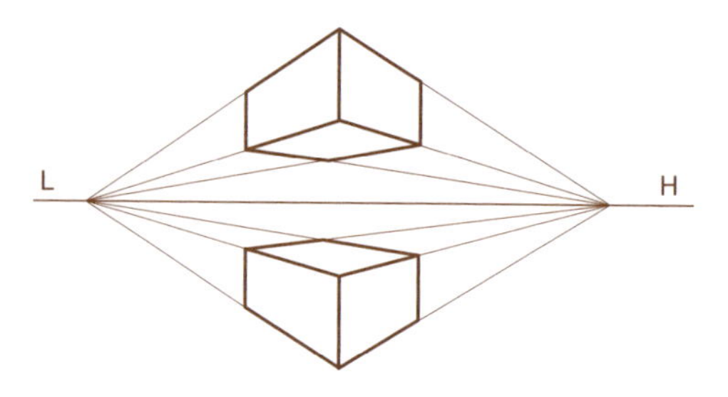

Figura 2.8 Dois pontos de fuga na linha do horizonte.

A sensação de terceira dimensão fica ainda mais acentuada quando a figura em perspectiva é reforçada com a sombra, Figura 2.9.

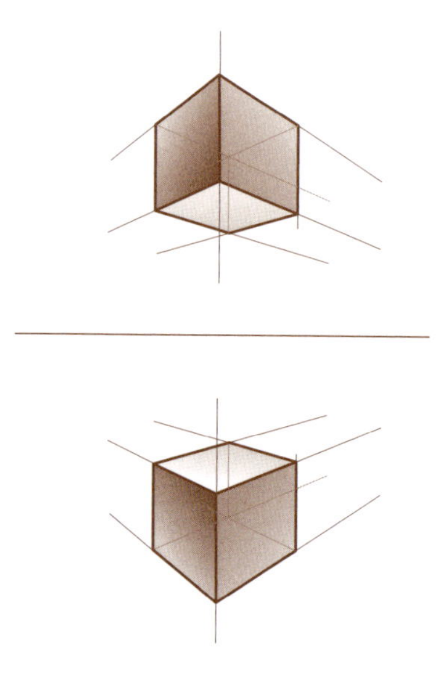

Figura 2.9 Perspectiva sombreada.

A linha do horizonte (LH) passa sempre pelo olho do observador. Assim, o objeto que vemos em perspectiva pode estar numa das três posições mostradas na Figura 2.10.

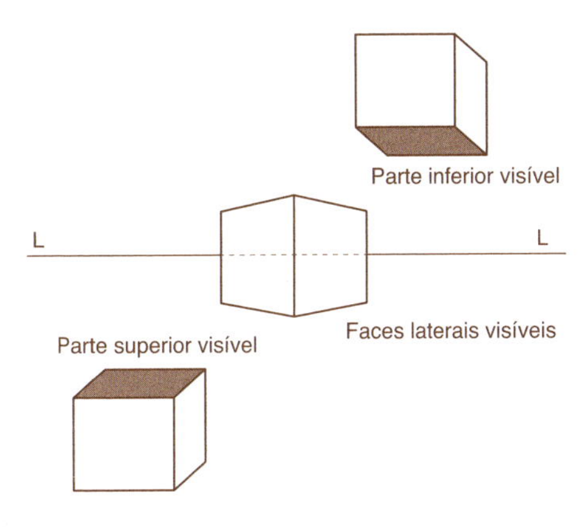

Figura 2.10 Visão das três faces.

Esses foram os princípios básicos que Brunelleschi usou para fazer o projeto dos arcos da ilustração. Na Figura 2.11 vemos o desenho baseado no trabalho de Brunelleschi para representar a profundidade num desenho feito no plano.

Figura 2.11 Perspectiva dos arcos.

Embora a perspectiva nos apresente a terceira dimensão representada num desenho feito num plano em duas dimensões, quando se pretende ver o desenho na sua verdadeira grandeza é preciso lançar mão dos planos auxiliares colocados na vertical.

2.6 DESENHO PROJETIVO

A representação das projeções do sólido em três planos é a mesma que a representação num plano do corpo girando e projetando suas faces no plano.

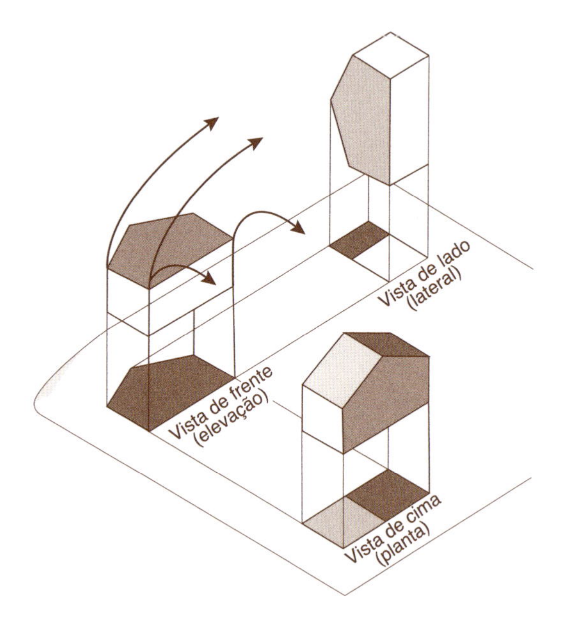

Figura 2.12 Projeções no plano.

A representação do sólido em três planos nos permite definir todas as dimensões do sólido.

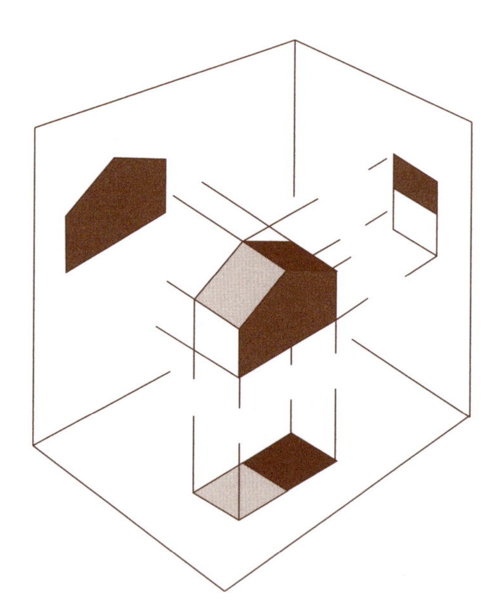

Figura 2.13 Projeções do sólido.

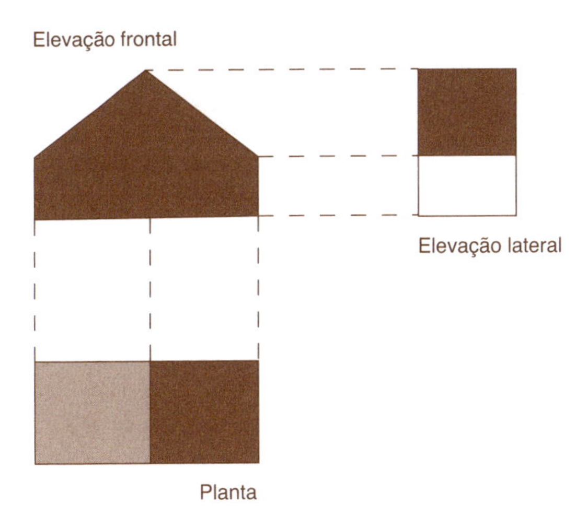

Figura 2.14 Planta e projeções.

2.7 MOVIMENTO RELATIVO

A Estática é a parte da Mecânica que trata do equilíbrio dos corpos. A estabilidade das construções, tendo como base os princípios da Estática, é a propriedade geral dos sistemas mecânicos que possuem firmeza e segurança.

Um corpo é considerado em equilíbrio estático quando dois de seus pontos materiais são considerados na mesma posição relativa no decorrer do tempo. Para que as medidas das posições dos pontos materiais se mantenham constantes, é necessário que o corpo se mantenha perfeitamente inerte, fato que sabemos não ser verdadeiro, por diversas razões que estão diretamente relacionadas com o tempo. Numa estrutura de concreto armado ocorrem fenômenos que afetam a estabilidade e que devem ser levados em consideração nos cálculos.

As próprias reações químicas do concreto no decorrer do tempo dão mostra para se considerar a ação do tempo como determinante no comportamento da estrutura.

Um corpo conserva o seu estado de repouso relativo enquanto nada provoca a alteração nas suas condições mecânicas iniciais. A retirada do escoramento que sustenta a estrutura no período de sua construção altera a condição posicional na qual os pontos materiais se encontram. O ponto material se desloca em relação a outro dentro do espaço ocupado pelo corpo. É quando ocorre o início de uma deformação.

A reta que liga um ponto material a outro que lhe serve de referência caracteriza um espaço unidimensional. O corpo se alonga ou se encurta conforme aconteça um afastamento ou uma aproximação entre os pontos materiais. Isso se observa em peças alongadas, como é o caso dos pilares e vigas, quando sujeitos ao fenômeno da retração.

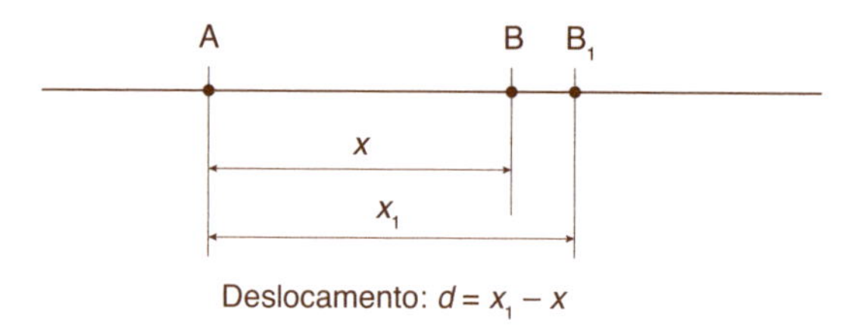

Figura 2.15 Deslocamento do ponto.

Se outro ponto for escolhido para ser uma terceira posição fora da reta que liga os dois primeiros pontos, os três pontos podem se deslocar num mesmo plano, caracterizando um espaço bidimensional. Ocorre nas placas expostas ao calor, resultando no afastamento dos pontos materiais em razão da dilatação.

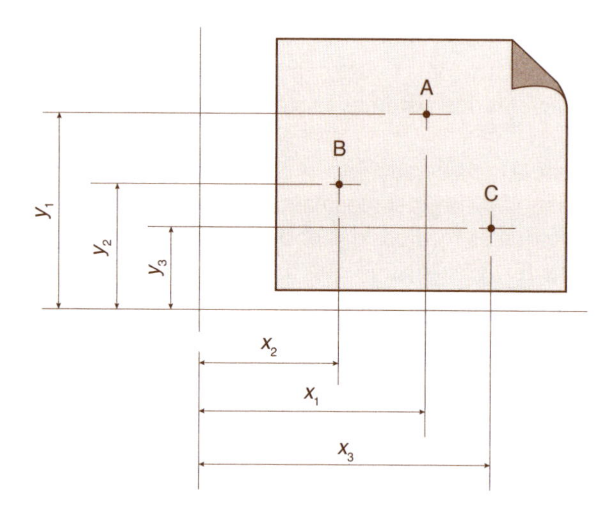

Figura 2.16 Coordenadas do plano.

Imaginemos agora um corpo que se expande, como quando vovó punha fermento na massa de pão feito em casa. A seguir, suponhamos um ponto central que seria de referência e tomemos outro ponto que se desloca no espaço.

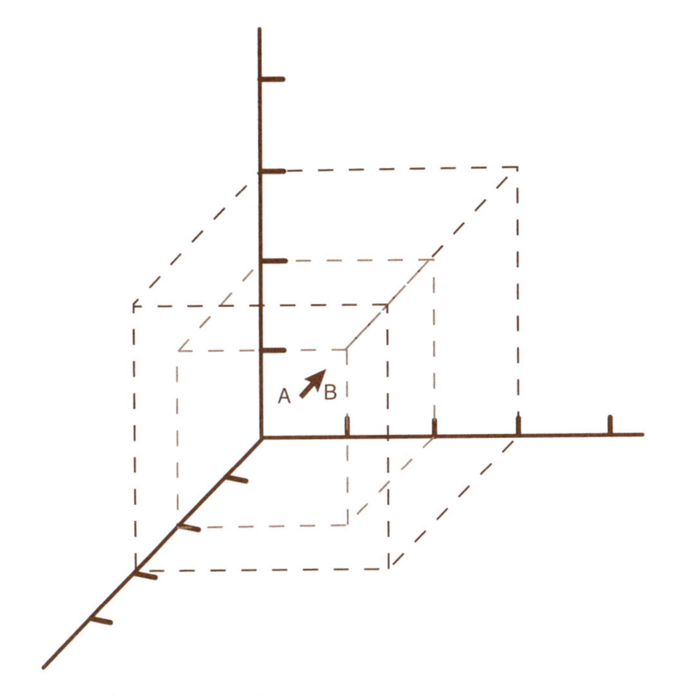

Figura 2.17 Gráfico triortogonal.

O ponto se desloca no espaço tridimensional. A referência posicional se faz com um sistema cartesiano triortogonal. Essas são as condições de deslocamento do ponto material nas três dimensões do espaço. Ainda considerando o caso do calor, um bloco de concreto se dilata com o afastamento dos pontos em três direções.

CAPÍTULO 3

OS PRIMÓRDIOS DA ENGENHARIA ESTRUTURAL

3.1 BREVE HISTÓRICO

No processo histórico do desenvolvimento da humanidade criou-se um conceito religioso vindo de dois nascedouros distintos. De uma parte, o simbolismo religioso dos hebreus e cristãos. De outra, a tradição cultural dos gregos e dos romanos. Duas visões distintas do mundo, mas que se mesclaram e se moldaram de tal forma a alterar os conceitos básicos de vida dos povos, inaugurando uma época que se convencionou chamar de Idade Média.

Período ímpar da História, pois não há época que se iguale nas condições de vida do ser humano, quando a realidade do mundo material cedeu lugar ao domínio do sagrado. A visão teológica da realidade do mundo medieval comandou tudo e todos. Nada acontecia que não fosse pelo poder da Igreja. Época em que conseguir evitar a morte pela fome tornava-se um triunfo. Dessa forma, a Idade Média é imaginada como um tempo no qual senhores feudais, clérigos e servos, geralmente pobres e subjugados, viviam numa luta sem fim por divergências religiosas. Porém, essa concepção vai se modificando à medida que vamos adquirindo conhecimento sobre aquela época.

Na Europa, os fundamentos matemáticos aplicados aos princípios teóricos da engenharia estrutural tiveram seus primórdios no campo experimental da Idade Média. As catedrais de Chartres e Colônia, bem como os castelos às margens do Reno, são exemplos disso.

O final da Idade Média foi pródigo na produção de gênios, que acabaram promovendo o Renascimento das artes e das ciências. Na realidade, a Renascença pouco produziu em matéria de processos construtivos fundamentalmente novos, mas foi nesse período que se deu o advento de algo que revolucionou os conceitos da engenharia de estruturas: o advento da geometria no espaço.

3.2 ESFORÇO DE COMPRESSÃO

Os construtores da antiguidade conheciam muito bem os esforços de compressão, e a tendência era buscar formas que trabalhassem com seus elementos sendo comprimidos. A razão disso é que os materiais utilizados nas construções eram materiais pétreos. As pedras em geral apresentam um bom comportamento quando submetidas a esforços de compressão, não sendo entretanto satisfatório para solicitações de esforço de tração. Havia um temor muito grande com relação às peças tracionadas que se desprendiam com facilidade

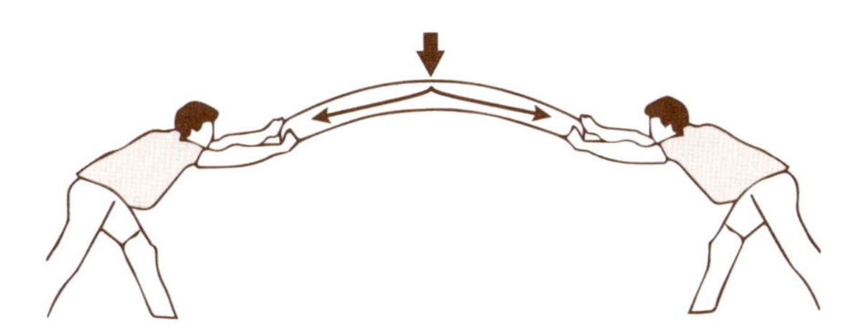

Figura 3.1 Esforços de compressão no arco.

Uma das formas da geometria espacial que trabalha sob compressão é a forma de construção em arco.

3.3 ESTRUTURAS EM ARCO

Durante a Idade Média, as estruturas em arco foram muito usadas. Um exemplo disso são as pontes, como a mostrada na Figura 3.2.

Figura 3.2 Ponte em arco abatido.

Para tornar plana a superfície de passagem, era feito um enchimento, e assim o arco dava sustentação para o enchimento e demais cargas sobre a ponte. Desde o tempo dos assírios e caldeus, eram usadas cúpulas na cobertura de recintos com amplos espaços livres. As formas geométricas geradas pelo deslocamento de uma curva, chamada geratriz, em torno de um eixo chamado diretriz geram a forma geométrica denominada cúpula ou abóbada. São construções de forma curva com a qual se cobrem espaços compreendidos entre muros, pilares ou colunas.

Foi por intermédio dos etruscos que os romanos conheceram esse tipo de construção, e seu uso foi generalizado no Império Romano, se constituindo no principal modelo arquitetônico da Idade Média.

Existem diversos tipos de abóbada: cilíndricas, angulares e esféricas, conforme o modo de sua geração. A característica principal da abóbada é que o esforço nela é apenas de compressão.

Figura 3.3 Abóbada.

Com a queda do Império Romano, somente as instituições religiosas possuíam condições de manter a continuidade de obras de maior porte. As igrejas com vãos avantajados criando grandes espaços livres passaram a fazer uso das abóbadas para sua cobertura. Contudo, os mestres construtores desenvolviam sua própria técnica de construção, que se transformava em segredo muito bem guardado. Surgia daí uma grande rivalidade entre eles. A respeito disso existe uma história que é válido relembrar.

3.4 O DESASTRE DA ABÓBADA

Em 1386, quase no final da Idade Média, o rei de Portugal, D. João I, mandou construir o Mosteiro de Santa Maria da Vitória (mais conhecido como Mosteiro da Batalha), em agradecimento à Virgem Maria pela vitória na Batalha de Aljubarrota. Em 6 de janeiro de 1401 era dia do Auto da Celebração dos Reis, que aconteceria no mosteiro e contaria com a presença de D. João I.

O projeto do mosteiro, que ainda não se encontrava pronto, era de autoria do mestre Afonso Domingues, mas, por causa de sua pouca visão e da idade avançada, ele foi afastado da obra. A conclusão da edificação do mosteiro tinha passado então para as mãos de um irlandês, e Afonso Domingues não se conformava com isso.

O mestre irlandês continuou a construção seguindo o traçado dos projetos de Afonso Domingues, à exceção de uma abóbada, que, no entender do irlandês, seria impossível construir conforme fora imaginada pelo mestre português, por ser considerada muito achatada. Sem consultar o mestre Afonso, o irlandês decidiu por conta própria concluí-la de outra forma.

No Dia de Reis, D. João I pretendia visitar aquela sala em que fora executada a abóbada, mas se atrasou e deixou a visita para o dia seguinte. Em boa hora o fez.

Era início de noite, e o Auto da Celebração já estava adiantado na sua cantoria. Foi quando um ruído estrondoso soou na sala da cúpula. Dera-se o desastre.

A carência de equilíbrio na disputa entre a ação e a reação, entre a solicitação e a resistência, fez com que o domínio fosse da gravidade, que chamou para si a massa da abóbada recém-construída.

Houve um instante de pânico e terror. Passado o susto, e tendo o chão parado de tremer depois de violento sacolejar, todos se encaminharam para o local de onde viera o estrondo. Cruzaram em passos rápidos o longo corredor. Ao chegarem à porta, alguém invocou o nome do Senhor: "Meu Deus!"

Um monte de entulho bloqueava a passagem. Todos os olhares se dirigiram para o interior da sala onde só se viam destroços enquanto no céu a lua passava serenamente, iluminando os escombros. A abóbada viera abaixo passadas apenas 24 horas do seu descimbramento. O cimbramento é a armação de madeira que dá forma e sustentação à abóbada durante sua execução.

No dia seguinte, El-Rei D. João I chamou o mestre Afonso Domingues para assumir novamente o trabalho. A construção da abóbada foi então retomada, agora seguindo o seu traçado primitivo. Pouco tempo depois, chegou o grande dia de retirar o escoramento que sustentava a nova abóbada. As traves do cimbramento foram retiradas, sendo apenas deixada no centro da sala uma pedra, onde ficou sentado Afonso Domingues, para provar que a abóbada não cairia. Permaneceu ali durante três dias sem comer nem beber. Dessa vez a abóbada se manteve firme no local.

Ao fim do terceiro dia, El-Rei recebeu a triste notícia de que o grande mestre arquiteto português estava morto. A abóbada não tinha caído, pois mestre Afonso havia encontrado o ponto de equilíbrio que manteve a obra estável, mas não havia ele resistido à fome e à sede dos três dias de vigília.

3.5 FORÇAS ATUANTES NA ABÓBADA

As forças são grandezas vetoriais caracterizadas por uma direção, um sentido e uma intensidade e podem estar situadas no mesmo plano, ou não. As forças no espaço podem ser concorrentes ou paralelas.

Figura 3.4 Forças atuantes na abóbada.

Para o estudo da ação das cargas nas abóbadas torna-se necessário projetá-las num plano.

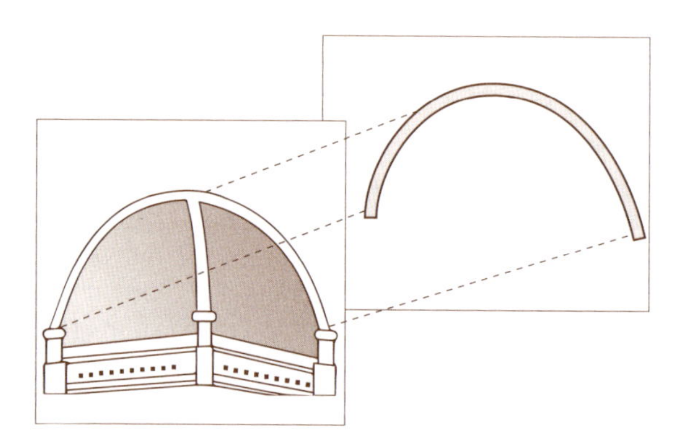

Figura 3.5 Projeção da abóbada no plano.

Assim, teremos a abóbada transformada em arco.

Da mesma forma, as cargas devem sofrer um processo de transferência que as coloque sobre o arco como forças no mesmo plano de uma carga distribuída. As coberturas em arco são usadas quando se deseja cobrir grandes vãos, como nas edificações destinadas a pavilhões, mercados, depósitos etc. A ação do vento em estruturas desse tipo é, normalmente, de sucção.

O valor dessa carga corresponde à carga média aplicada aproximadamente no terço do arco.

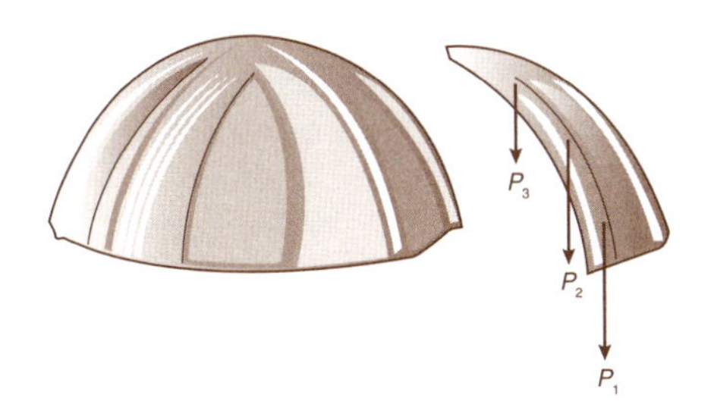

Figura 3.6 Materialização da carga num gomo da abóbada.

Lançando mão do desenho projetivo, teremos condições de determinar o valor do somatório dos setores de carga e obter o valor no terço da altura. Esse será o valor médio da carga considerada, por aproximação, como o valor do peso distribuído sobre a abóbada.

Porém, a carga transportada para o arco não é uniformemente distribuída. A explicação é a seguinte: a abóbada não possui uma superfície plana.

3.6 A CAUSA DA QUEDA DA ABÓBADA

A geometria nos informa que no arco parabólico, para qualquer ponto da parábola, os quadrados de suas distâncias ao eixo são proporcionais às suas distâncias à tangente do vértice. Aplicando o Método de Cremona, torna-se possível determinar os esforços na abóbada.

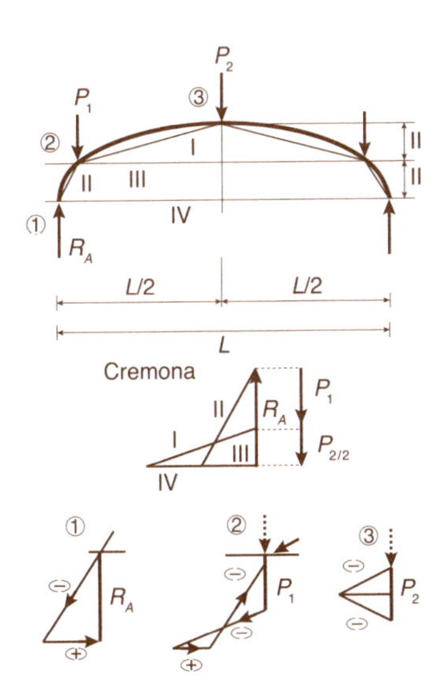

Figura 3.7 Determinação dos esforços pelo Método de Cremona.

Fazendo a comparação dos esforços nos dois arcos, verifica-se que para o mesmo vão o arco circular apresenta-se com solicitações mais elevadas, exigindo maior resistência. Provavelmente foi isso o que ocorreu no Mosteiro da Batalha.

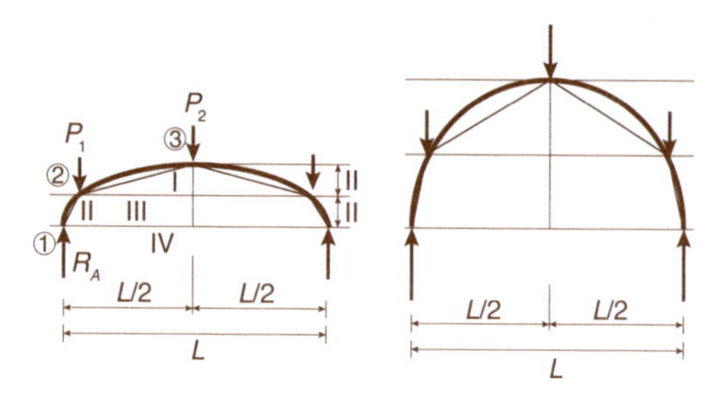

Figura 3.8 Diferença de solicitações entre os arcos.

Assim demonstramos graficamente o fenômeno, ou a causa do fenômeno.

3.7 COMPORTAMENTO ESTRUTURAL

Um livro apoiado sobre dois apoios não se deforma graças à sua grossura, que lhe propicia um elevado grau de inércia, impedindo-o de se curvar. Se o livro for trocado por uma folha de papel de pouca espessura, ela irá se curvar, e certamente não será possível manter a folha sobre os apoios. Mas se você fizer uma dobra em "V" no centro da folha, poderá dar condições para a folha se equilibrar sobre os livros. A dobradura irá dar à folha a condição de não se curvar com seu próprio peso.

Os primeiros estudos de que se tem conhecimento sobre o comportamento mecânico dos arcos que compõem as abóbadas são de Leonardo da Vinci. Ele propôs conceitos que só viriam a ser desenvolvidos bem mais tarde. O artista da Renascença propusera a tese fundamental da engenharia:

"Primeiro é preciso conhecer a teoria e depois a prática."

3.8 LAJE COMO LIMITE DA ABÓBADA

Partindo de um arco de vão *L* e flecha *f*, a classificação geral das abóbadas é dada de acordo com a relação entre a flecha e o comprimento do vão. Essa relação recebe a denominação "abatimento". Assim, podemos ter os seguintes arcos:

Arco pleno: $\frac{f}{L} = \frac{1}{2}$

Arco elevado: $\frac{f}{L} > \frac{1}{2}$

Arco abatido: $\frac{f}{L} < \frac{1}{2}$

No arco circular, a flecha corresponde ao raio. Portanto, é igual à metade do vão.

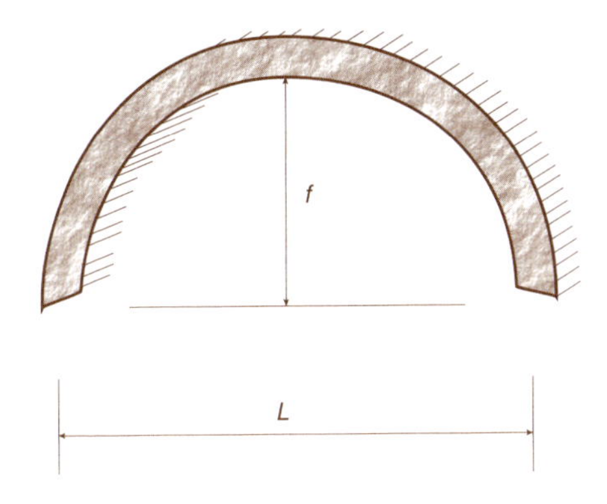

Figura 3.9 Arco pleno circular.

3.9 ARCO ABATIDO NA ABÓBADA

A História nos mostra que as abóbadas foram precursoras das lajes de cobertura. Os primeiros a empregar abóbadas foram os povos da Mesopotâmia, que as faziam de tijolos. Trata-se da construção em forma de arco com a qual se cobrem espaços compreendidos entre muros, pilares ou colunas.

Seu uso foi generalizado no Império Romano, e se constituiu no principal desafio arquitetônico da Idade Média dados o grande número de igrejas que foram construídas e a dificuldade de sua execução. Existem vários tipos de abóbadas. Para a construção do mosteiro, mestre Afonso havia escolhido uma abóbada que possibilitasse vencer um vão relativamente grande sem uma diferença considerável da altura em relação ao vão. Optou por uma de arco abatido. O mestre irlandês desconhecia aquele traçado, e, por mais que tentasse, não conseguia fazer a concordância da curvatura desenhada por Afonso Domingues.

É preciso lembrar que esse era um tempo de disputa dos mestres construtores, e quando um descobria a melhor forma de manter de pé a sua construção guardava o segredo a sete chaves.

Não desejando passar por tolo, o irlandês considerou o arco muito achatado, e transformou-o em arco circular, que era mais simples e de seu conhecimento de obra. Contudo, não teve a preocupação de conferir os esforços com a modificação da geometria do arco.

Fazendo a comparação dos esforços nos dois arcos, verifica-se que para o mesmo vão o arco circular apresenta-se com solicitações mais elevadas, exigindo maior resistência. Provavelmente foi isso o que ocorreu: o acréscimo de carga não considerada no desenho original levou a abóbada à ruína.

Como mestre Afonso havia traçado a abóbada com as próprias mãos, ficava pouco possível conseguir o mesmo traçado.

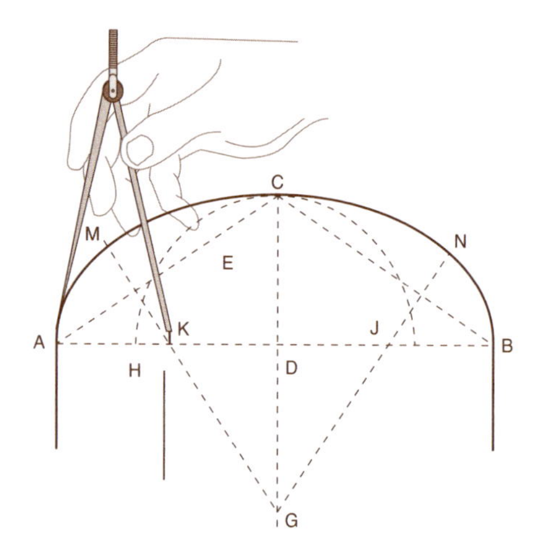

Figura 3.10 Construção do arco abatido.

O arco imaginado era assim desenhado:
Com centro em K, raio KA arco AM.
Com centro em G, raio GM arco MCN.
Com centro em J, raio JN arco NB.

Para a determinação desses pontos K, G, J que servem de centro para o traçado do arco, sendo dadas a abertura AB e a flecha, CD é construída ligando-se os pontos A e B a C; sobre a reta AC tome-se CE igual a AH, depois de ter-se descrito uma semicircunferência auxiliar cujo centro é D e raio DC, o que determina a porção AH igual a CE na reta AC. Sobre o meio de AE, levanta-se a perpendicular MG, que encontra o prolongamento de CD no ponto G.

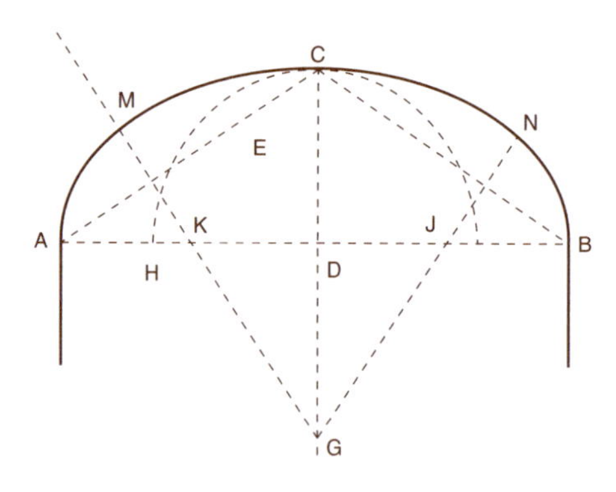

Figura 3.11 Arco abatido.

A construção da abóbada deve respeitar certos limites. Limite de abatimento para arco circular: 1/12.

A partir desse limite, ocorrem sinais de fraqueza do arco, com o aparecimento de trincas na chave e nos rins.

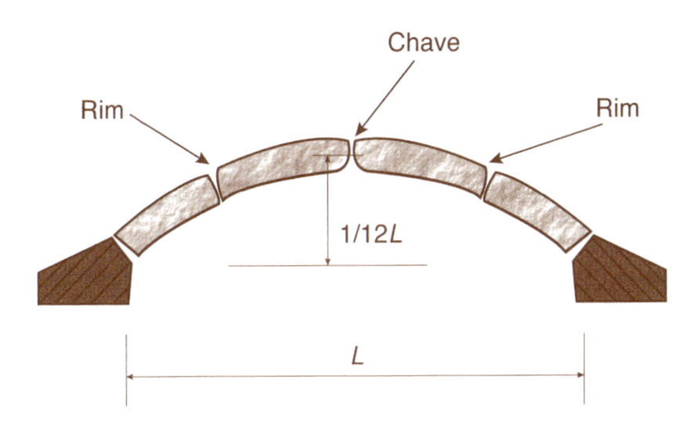

Figura 3.12 Pontos fracos no arco.

Ultrapassado o limite, a tendência é a ruptura, em razão do aparecimento de forças de tração.

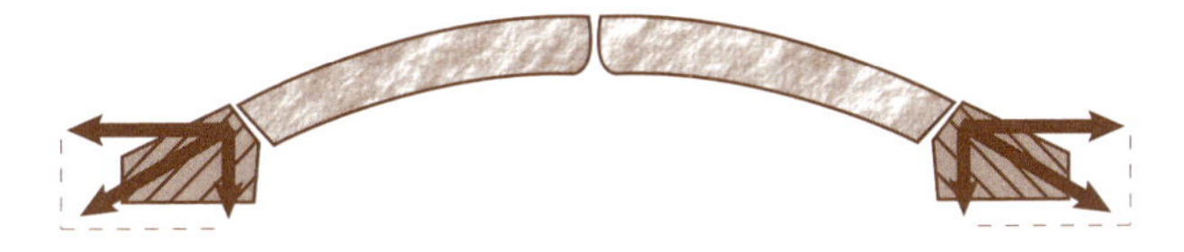

Figura 3.13 Composição de forças no arco.

Para absorver os esforços de tração, surge a necessidade de um tirante.

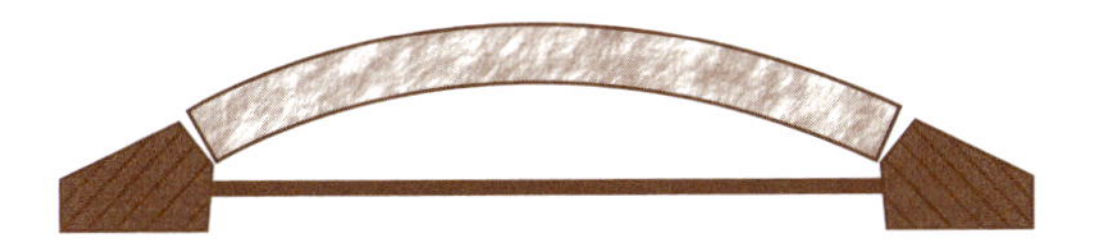

Figura 3.14 Arco abatido com tirante.

Nasce assim o conceito de armadura de tração. O arco de concreto continua sendo comprimido enquanto o tirante é tracionado. Teoricamente, chegaríamos a uma condição na qual o arco se transforma numa placa plana, com o tirante embutido no seu interior. Teremos então chegado à concepção do funcionamento de uma laje.

Figura 3.15 Conceito de armadura de tração.

Como acontece nas vigas, os esforços de tração são absorvidos pela ferragem embutida na parte inferior da laje.

CAPÍTULO 4

AS CARGAS NAS LAJES

4.1 CARGAS ATUANTES NAS LAJES

Para se atestar a qualidade de um projeto estrutural não basta verificar a correção dos cálculos. O bom projeto é aquele que apresenta a correta avaliação das cargas. Esse talvez seja o maior problema do calculista de estrutura, e esse impasse não pode ser resolvido pelo computador, porque exige raciocínio.

A primeira providência a ser tomada para o levantamento das cargas que atuarão sobre a laje a ser calculada é estabelecer qual será a utilização que terá a edificação.

São tantas as variáveis que entram na avaliação das cargas que atuarão sobre a estrutura que dificilmente seu valor poderia ser determinado com alguma precisão que possibilite chegar a um resultado exato de sua influência numa estrutura.

Numa classificação geral, as cargas podem ser:

- Cargas fixas e cargas móveis;
- Cargas permanentes e cargas acidentais;
- Cargas concentradas e cargas distribuídas;
- Cargas distribuídas em todo o vão ou em trecho do vão;
- Cargas de curta duração e de longa duração;
- Cargas estáticas e cargas dinâmicas;
- Cargas de choque e de vibração ondulatória;
- Cargas de vibração horizontal ou vertical e de cargas rotativas.

Não seria difícil continuar a lista com outros tipos de carga, mas parece suficiente a relação apresentada para mostrar a gama de cargas possíveis de atuação numa estrutura, cada uma das quais tem sua particularidade no comportamento da estrutura.

Assim, quanto mais precisas forem as medidas, menores serão as discrepâncias nos erros de avaliação das cargas e dos esforços na estrutura.

4.2 ERRO DE ESTIMATIVA

A precisão de uma medida e o adequado conceito do emprego dessa medida no cálculo de uma estrutura é que garantem a estabilidade de uma obra, evitando seu malogro.

Contudo, erros existem. Alguns são facilmente constatáveis quando se compara a medida de projeto com a obtida no canteiro de obra. Trata-se do chamado erro espontâneo ou absoluto, na maioria das vezes com consequências imediatas, como o não fechamento de áreas porque a medida de projeto não confere com a obtida no local, por erro de quem fez a medição. O erro absoluto é geralmente grosseiro e se configura perigoso quando se torna sistemático.

O erro sistemático ocorre quase sempre em três circunstâncias:

1) imperfeição do operador;
2) imperfeição do aparelho ou instrumento;
3) imperfeição do método de medida.

A imperfeição do operador existe quando o indivíduo não está devidamente qualificado para efetuar medidas de precisão.

A calibragem dos aparelhos ou instrumentos bem como sua manutenção periódica podem evitar imperfeições nas medidas.

Com relação ao método de medição, deve ser dada preferência aos métodos que permitam verificar com facilidade o fechamento das contas e a correção do resultado.

4.3 TIPOS DE LAJES

Na prática, existem diferentes tipos de lajes que são empregadas nas obras de um modo geral, e que podem ser classificadas da seguinte forma:

- Quanto à sua composição:
  Laje maciça
  Laje nervurada
  Lajes pré-moldadas
- Quanto ao tipo de apoio:
  Laje simplesmente apoiada
  Laje parcialmente engastada
  Laje engastada

A laje tem uma espessura pequena em relação às outras duas dimensões, perpendiculares entre si quando medidas horizontalmente.

As lajes se apoiam em vigas, que por sua vez se apoiam em pilares que transmitem as cargas às suas fundações. As lajes têm como função receber as cargas verticais que atuam na estrutura, transmitindo-as para os respectivos apoios, que basicamente são vigas localizadas em suas bordas. A sustentação da laje nas bordas pode se dar de duas formas: simplesmente apoiada sobre a alvenaria no respaldo da parede ou engastada pelas bordas (Figuras 4.1 e 4.2).

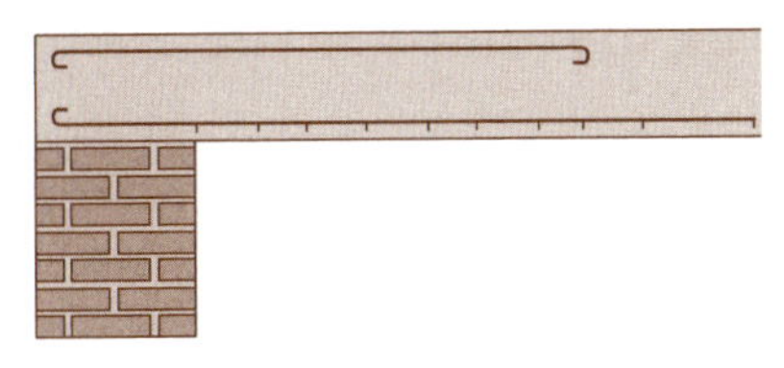

Figura 4.1 Laje apoiada na alvenaria.

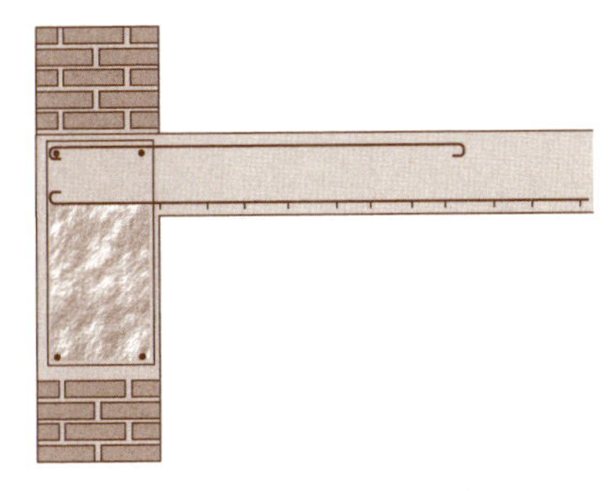

Figura 4.2 Laje engastada pelo bordo.

No caso de engastamento, podemos ter engastamentos plenos ou engastamentos parciais.

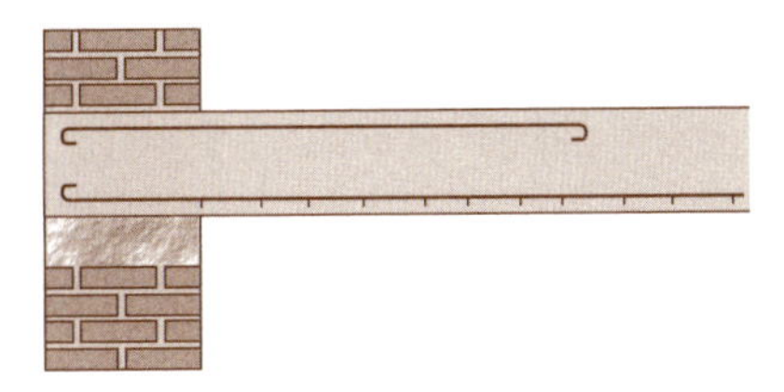

Figura 4.3 Laje semiengastada.

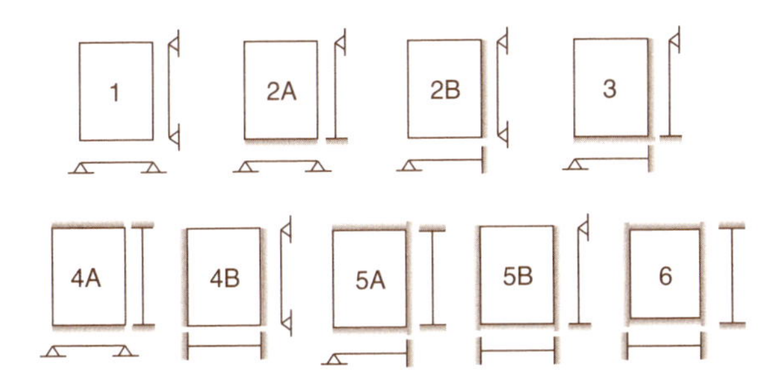

Figura 4.4 Representação gráfica.

4.4 EXEMPLO DE DISTRIBUIÇÃO DE CARGAS

Como exemplo de laje maciça, tem-se a seguinte distribuição de cargas sobre a laje de uma unidade habitacional (Figura 4.5).

1 – Peso próprio da laje
2 – Contrapiso e piso
3 – Paredes de alvenaria
4 – Paredes de pedra
5 – Cargas móveis
6 – Cargas do mobiliário
7 – Sobrecargas de curta ou longa permanência

Figura 4.5 Exemplo de distribuição de cargas.

1) **Peso próprio:** O peso próprio da laje é o peso do concreto armado que forma a laje maciça. O peso próprio para lajes com espessura constante é uniformemente distribuído na área da laje.
2) **Contrapiso e piso:** A camada de argamassa colocada logo acima do concreto da superfície superior das lajes recebe o nome de contrapiso ou argamassa de regularização, e sua função é nivelar e diminuir a rugosidade da laje, preparando-a para receber o revestimento de piso final. O piso é o revestimento final na superfície superior da laje, assentado sobre a argamassa de regularização. Os tipos mais comuns são os de madeira, de cerâmica, carpetes ou forrações, e de rochas, como granito e mármore.
3) **Paredes de alvenaria:** A carga das paredes sobre as lajes maciças deve ser determinada em função de a condição da laje ser armada em uma ou em duas direções. É necessário conhecer o tipo de unidade de alvenaria que compõe a parede, ou o peso específico da

parede, a espessura e a altura da parede, bem como a sua disposição e extensão sobre a laje. Para as lajes armadas em duas direções considera-se de modo simplificado a carga da parede uniformemente distribuída na área da laje, de forma que a carga é o peso total da parede dividido pela área da laje.

4) **Paredes de pedra:** Caso existam paredes mais pesadas, elas devem ser colocadas sobre as vigas que sustentam a laje.
5) **Cargas móveis:** São as cargas que podem ser colocadas em diferentes posições sobre a laje, não tendo posição fixa definida. Por exemplo, as cargas de pessoas que circulam sobre a laje.
6) **Carga do mobiliário:** São cargas que precisam ser consideradas juntamente com as cargas móveis, embora a movimentação dessas cargas de mobiliário seja bem menos frequente.
7) **Sobrecargas de curta duração:** São cargas eventuais que diferem das cargas de longa duração já consideradas no cálculo porque ocorrem sobre a laje durante um determinado período, e, embora tenham uma ocorrência esporádica, devem ser consideradas no dimensionamento da estrutura. O vento, por exemplo, é considerado uma sobrecarga de curta duração.

4.5 SITUAÇÕES ESPECIAIS DE PESO DE PAREDE

Nas estruturas convencionais de concreto armado em geral, a parcela de carga das paredes não é computada no peso sobre a laje porque descarrega sobre o vigamento. Mas há situações nas quais a parede repousa diretamente sobre a laje.

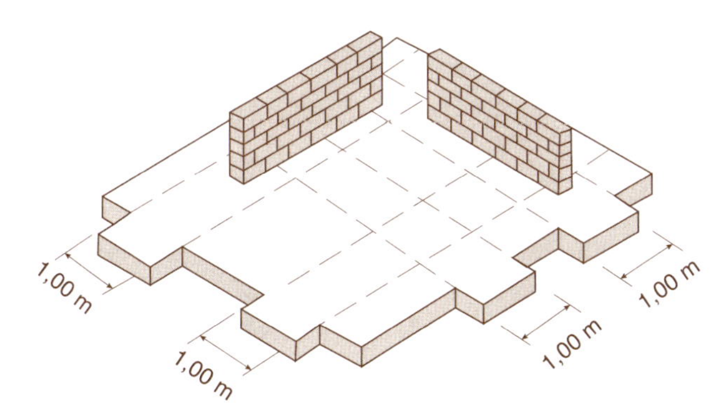

Figura 4.6 Paredes assentadas sobre a laje.

Nessa situação, calcula-se o peso da parede por metro linear multiplicando o peso da parede por m² pela altura do pé-direito. Obtém-se assim o peso linear da parede. Multiplicando o peso linear da parede pelo seu comprimento total, obtém-se o peso total da parede sobre a laje. De maneira bastante empírica, divide-se a carga total da parede pela área total da laje em que a parede se assenta. Na prática, isso se torna aceitável por causa da existência da ferragem embutida na laje, a qual faz a distribuição da carga sobre a sua superfície.

Esse procedimento é válido quando se trata de laje armada em cruz, ou seja, quando L_y/L_x é menor que 2, em que L_y é o maior vão. No caso de laje armada em uma só dimensão, quando L_y/L_x é maior que 2, a carga da parede depende da direção dela em relação ao menor lado da laje. Podem ocorrer duas situações:

1) Parede no mesmo sentido do menor vão.

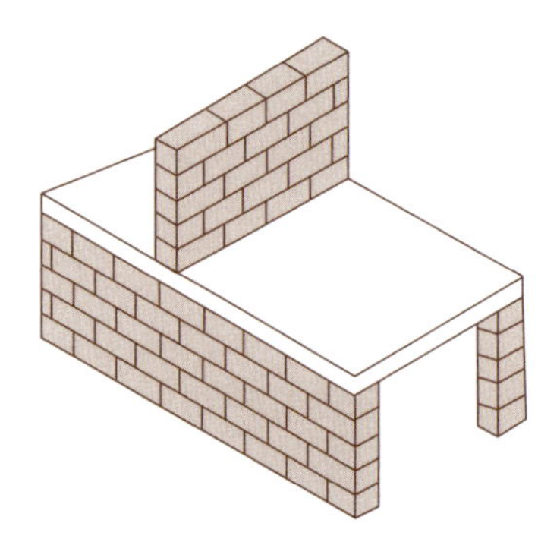

Figura 4.7 Sentido do menor vão.

2) Parede transversal ao menor vão.

Figura 4.8 Sentido do maior vão.

4.6 TABELAS DE PESO

Multiplicando o peso da parede por metro quadrado pelo pé-direito, obtém-se o peso da parede por metro linear. Os descontos das aberturas podem ou não ser feitos. Quando os vãos não são significativos, o acréscimo de carga fica a favor da segurança.

Tabela 4.1 Carga das paredes

CARGA DAS PAREDES				
PAREDE	ESPESSURA cm	TIJOLO MACIÇO kgf/m^2	TIJOLO FURADO kgf/m^2	BLOCO DE CIMENTO kgf/m^2
DE ESPELHO	10	160,0	120,0	120,0
MEIO TIJOLO	15	240,0	180,0	180,0
UM TIJOLO	25	400,0	300,0	300,0

Tabela 4.2 Peso de lajes

PESO DE LAJE						
LAJE MACIÇA				LAJE PRÉ-FABRICADA		
H cm	P.p. kg/m^2	H cm	P.p. kg/m^2	Altura acabada cm	P.p. Enchimento cerâmica kg/m^2	P.p. Enchimento EPS kg/m^2
7	175	14	350			
8	200	15	375			
9	225	16	400	8 + 5 (13)	210	180
10	250	17	425	10 + 5 (15)	235	185
11	275	18	450	12 + 5 (17)	255	195
12	300	19	475	16 + 5 (21)	300	220
13	325	20	500	20 + 5 (25)	335	245

4.7 DETERMINAÇÃO DO CARREGAMENTO DE UMA LAJE

A Tabela 4.3 é um exemplo de pré-dimensionamento de carga atuando numa laje, que será transmitida para a viga.

Tabela 4.3 Carregamento de uma laje

A) SOBRECARGA NA LAJE	
Alvenaria sobre a laje	Para o pré-dimensionamento pode-se adotar uma carga distribuída equivalente a 250 kgf/m².
Carga acidental	Adota-se a carga especificada pela Norma; para piso de uso residencial, adota-se 200 kgf/m².
Revestimento	Para o revestimento de piso, estima-se em 50 kgf/m².
Total da sobrecarga: S.C. = 500 kgf/m².	
B) PESO PRÓPRIO DA LAJE	
Laje com espessura de 12 cm	Para o caso de laje maciça, estima-se a espessura da laje e multiplica-se por 2500 kgf/m². P.p. = 0,12 × 2500
Peso da laje	P.p. = 300 kgf/m²

Vamos considerar uma laje de dimensões L_x/L_y com uma carga uniformemente distribuída "W", resultante da soma das cargas permanentes e acidentais.

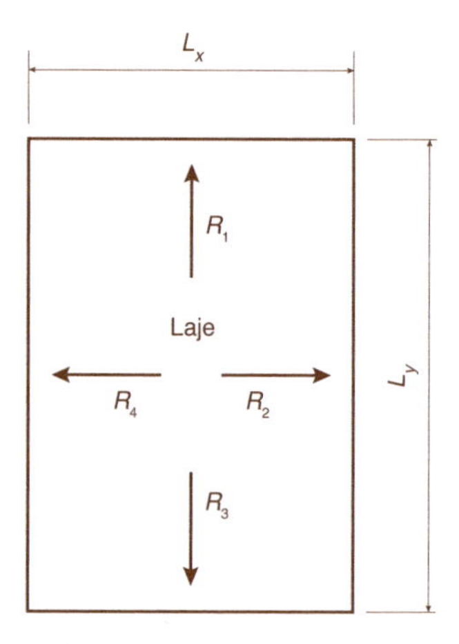

Figura 4.9 Laje retangular.

$$w = g + q\,(\text{kgf}/\text{m}^2)$$

$$k = \frac{L_y}{L_x}$$

em que L_x é o vão menor e L_y é o vão maior.

R_1, R_2, R_3 e R_4 são cargas transmitidas pela laje na extensão de cada borda.

k é o coeficiente que permite a determinação de R_1, R_2, R_3 e R_4.
Dependendo das dimensões da laje, podemos ter três casos (Figuras 4.10, 4.11, 4.12).

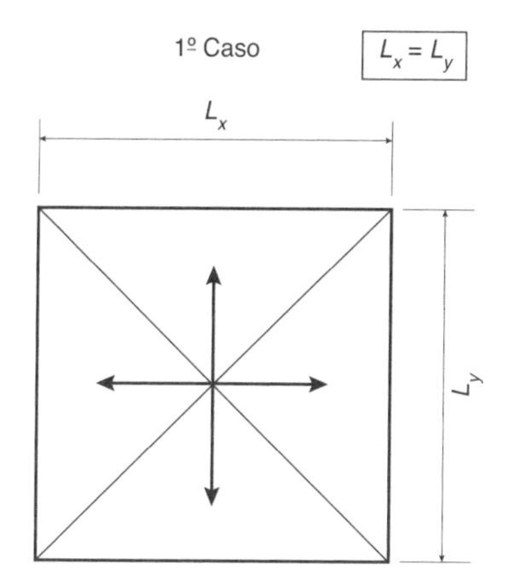

Figura 4.10 Dimensões da laje – 1º caso.

$$k = \frac{L_y}{L_x} = 1$$

$$R_1 = R_2 = R_3 = R_4$$

$$R = 0{,}25 * W * L_x^{\,2}$$

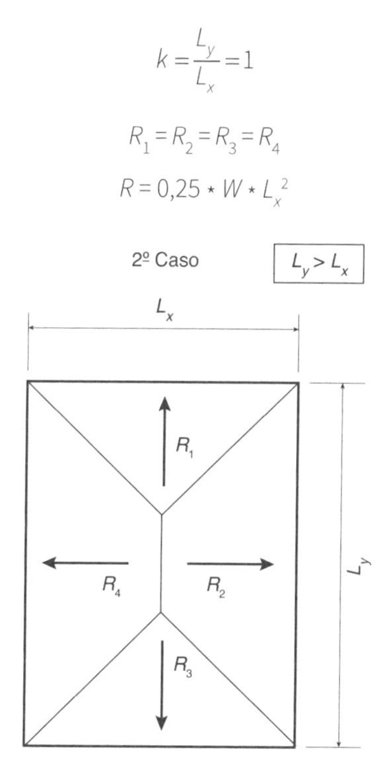

Figura 4.11 Dimensões da laje – 2º caso.

$$k = \frac{L_y}{L_x}\,;\ 1 < k < 2$$

$$R_1 = R_3 = 0{,}25 * W * L_x^2$$

$$R_2 = R_4 = \frac{1}{2} * (k - 0{,}5) * W * L_x^2$$

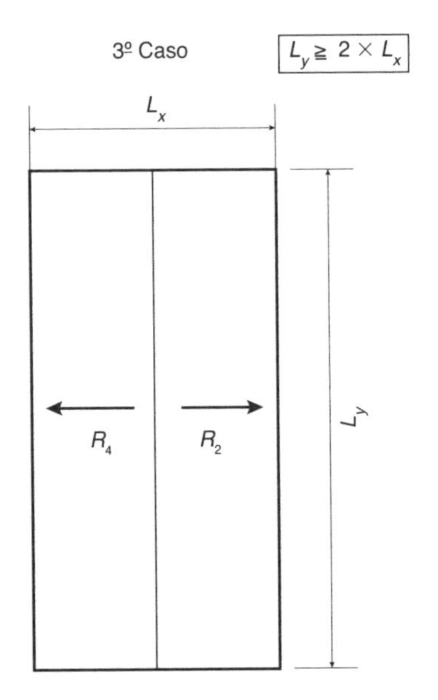

Figura 4.12 Dimensões da laje – 3º caso.

$$k = \frac{L_y}{L_x} \geq 2$$

$$R_1 = R_3 = 0$$

$$R_2 = R_4 = \frac{1}{2} * (k - 0{,}5) * W * L_x * L_y$$

Carga distribuída na viga:

$$p = \frac{R}{L}$$

A carga uniformemente distribuída na viga, em kgf/m^2, é obtida dividindo-se a carga "*R*" no bordo da laje pelo comprimento "*L*" da borda.

Tabela 4.4 Tabela do coeficiente *k*

k	$1/2\,(k - 0{,}5)$
1,05	0,275
1,10	0,300
1,15	0,325
1,20	0,350
1,25	0,375
1,30	0,400
1,35	0,425
1,40	0,450
1,45	0,475
1,50	0,500
1,55	0,525
1,60	0,550
1,65	0,575
1,70	0,600
1,75	0,625
1,80	0,650
1,85	0,675
1,90	0,700
1,95	0,725

CAPÍTULO 5

CÁLCULO DE LAJES

5.1 DETERMINAÇÃO DOS ESFORÇOS NA LAJE

Neste capítulo iremos abordar o cálculo dos esforços na laje, levando em consideração a altura da laje, o que nos permitirá determinar esses esforços conforme o tipo de apoio de sustentação da laje. As lajes, pelo seu processo de dimensionamento e de construção, estão agrupadas em dois segmentos:

1) Laje convencional
2) Laje pré-moldada

A laje convencional, por sua vez, pode ser:

a) Laje maciça
b) Laje nervurada.

A laje maciça é identificada por ter as superfícies superior e inferior lisas.

A laje nervurada se diferencia da maciça por apresentar nervuras na parte inferior.

5.2 ESPESSURA MÍNIMA

Para o cálculo das lajes, é necessário estimar inicialmente a sua altura.

A espessura mínima para as lajes maciças deve respeitar as seguintes medidas:

a) 5 cm para lajes de cobertura que não sejam em balanço;
b) 7 cm para lajes de piso ou de cobertura que sejam em balanço;
c) 10 cm para lajes que suportem veículos de peso total menor ou igual a 3000 kg;
d) 12 cm para lajes que suportem veículos de peso total maior que 3000 kg.

5.3 ALTURA ÚTIL DAS LAJES MACIÇAS

Considera-se altura útil a dimensão da espessura da laje que vai do eixo da ferragem tracionada até a face do concreto comprimido.

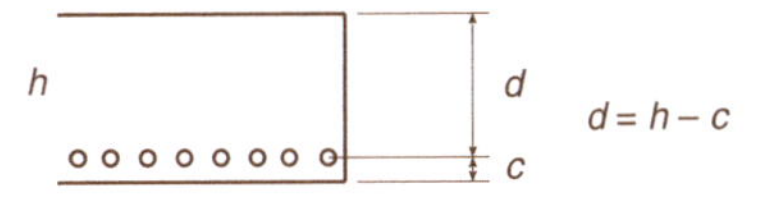

Figura 5.1 Altura útil.

$$d \geq \frac{L}{\psi_2 * \psi_3}$$

Nas lajes armadas em cruz, L é o menor vão (teórico).

Tabela 5.1 Valores de ψ_2

LAJES ARMADAS NUMA DIREÇÃO	
TIPO	ψ_2
Simplesmente apoiadas	1
Contínuas	1,2
Duplamente engastadas	1,7
Em balanço	0,5

Tabela 5.2 Lajes armadas em cruz

L_x vão maior / L_y vão menor	$\frac{L_x}{L_y}$					
	1,00	2,20	2,00	1,90	1,70	1,70
	1,20	2,10	1,94	1,86		
	1,40	2,00	1,88	1,82		
	1,60	1,90	1,82	1,78		
	1,80	1,80	1,76	1,74		
	2,00	1,70	1,70	1,70	1,70	1,70
	1,00	2,00	1,80	1,70	1,40	1,30
	1,20	1,90	1,72	1,64		
	1,40	1,80	1,64	1,58		
	1,60	1,60	1,56	1,52		
	1,80	1,50	1,48	1,46		
	2,00	1,40	1,40	1,40	1,30	1,30
	1,00	1,90	1,70	1,50	1,10	1,00
	1,20	1,76	1,58	1,42		
	1,40	1,62	1,46	1,34		
	1,60	1,48	1,34	1,26		
	1,80	1,34	1,22	1,18		
	2,00	1,20	1,10	1,10	1,00	1,00
	1,00	1,70	1,40	1,10	0,70	0,60
	1,20	1,46	1,22	0,98		
	1,40	1,22	1,04	0,86		
	1,60	0,98	0,86	0,74		
	1,80	0,74	0,68	0,62		
	2,00	0,50	0,50	0,50	0,50	0,50
	1,00	1,70	1,30	1,00	0,60	0,50
	1,20	1,46	1,14	0,90		
	1,40	1,22	0,98	0,80		
	1,60	0,98	0,82	0,70		
	1,80	0,74	0,66	0,60		
	2,00	0,50	0,50	0,50	0,50	0,30

Tabela 5.3 Valores de ψ_3

VALORES DE ψ_3	
AÇO	ψ_3
CA-25	35
CA-50	25
CA-60	20

Para lajes com mais de 4 m de vão teórico que suportarem paredes na direção do vão, deve-se multiplicar a altura útil mínima por $L/4$ (L em metros). Quando não satisfizer essas condições, deve-se verificar a flecha.

5.4 MOMENTOS FLETORES SOLICITANTES

Os momentos fletores e as flechas nas lajes maciças são determinados conforme a laje seja armada em uma ou em duas direções. As lajes armadas em uma direção são calculadas como vigas segundo a direção principal, e às lajes armadas em duas direções podem ser aplicadas diferentes teorias, como a Teoria da Elasticidade e a Teoria das Charneiras Plásticas.

5.4.1 Laje Armada em Uma Direção

No caso das lajes armadas em uma direção, considera-se de modo simplificado que a flexão na direção do menor vão da laje é preponderante à da outra direção, de modo que a laje será suposta como uma viga com largura constante de um metro (100 cm), segundo a direção principal da laje. Na direção secundária desprezam-se os momentos fletores existentes.

5.4.2 Laje Armada em Duas Direções

O comportamento das lajes armadas em duas direções, apoiadas nos quatro lados, é bem diferente do das lajes armadas em uma direção, de modo que o seu cálculo é bem mais complexo se comparado ao das lajes armadas em uma direção.

5.5 CÁLCULO DE ALTURA DE LAJE

O cálculo da altura que a laje deve apresentar está ligado diretamente às suas dimensões e condições de apoio do que às cargas especificamente. O cálculo é:

$$d_{mín} = \frac{L_y}{\psi}$$

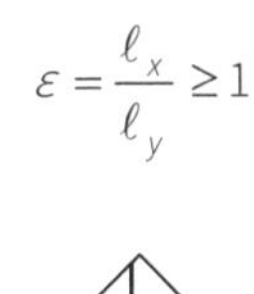

$$\varepsilon = \frac{\ell_x}{\ell_y} \geq 1$$

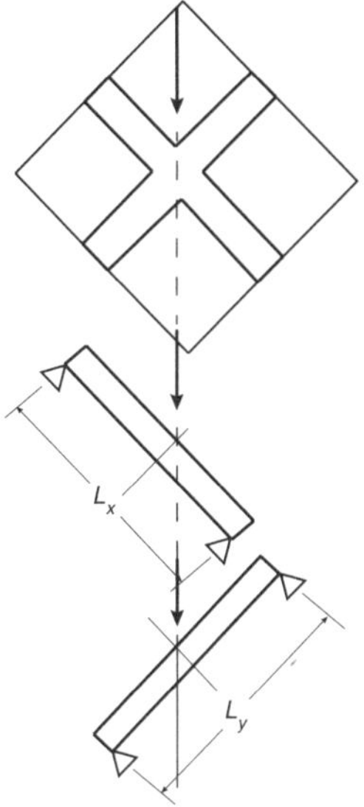

Figura 5.2 Igualdade da flecha.

Considerando uma laje com as bordas apoiadas e tomando-se duas faixas centrais nas direções *x* e *y*, as flechas nas faixas serão:

$$f_x = \frac{5q_x L_{x^4}}{384\ EJ}$$

$$f_y = \frac{5q_y L_{y^4}}{384\ EJ}$$

em que *EJ* é o índice de rigidez da laje. Igualando as flechas das faixas, teremos:

$$f_x = f_y$$

$$\frac{5q_x L_{x^4}}{384\ EJ} = \frac{5q_y L_{y^4}}{384\ EJ}$$

Feitas as devidas transformações matemáticas, resultam valores que podem ser tabelados como os apresentados na Figura 5.3.

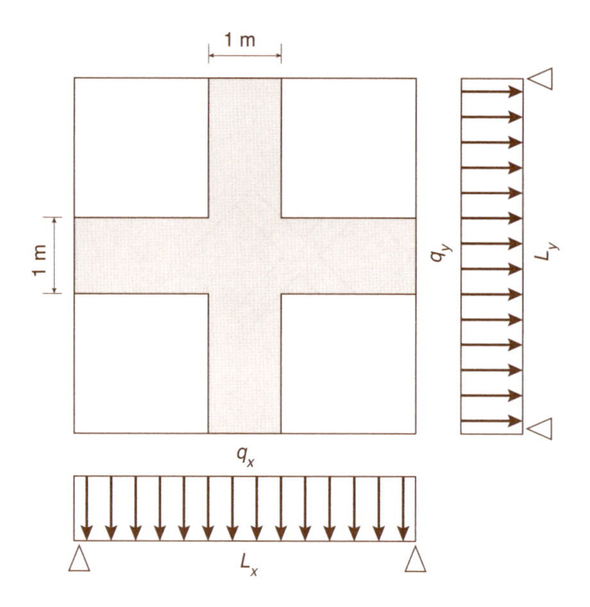

Figura 5.3 Laje armada em duas direções.

Nos casos gerais de estruturas pode haver uma ligação entre a borda e a viga de sustentação. Nesse caso se considera que há um grau de engastamento da laje. O mesmo acontece quando a laje tem continuidade. Temos a seguir diversas situações de apoio da laje e os coeficientes para determinação dos esforços, observando que para as tabelas de Czernin os valores intermediários devem ser interpolados.

SITUAÇÃO 1

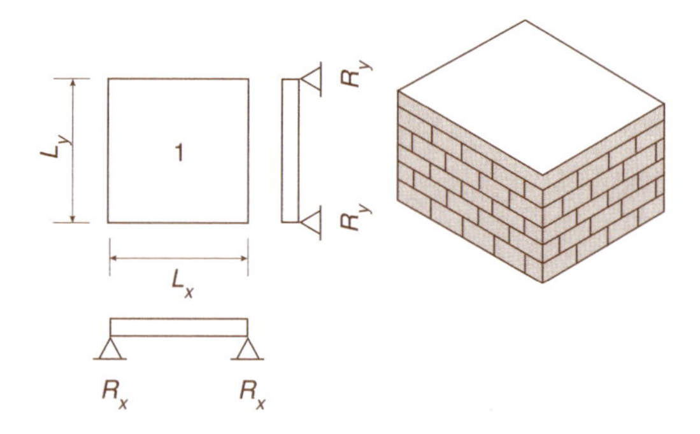

Figura 5.4 Laje simplesmente apoiada nas quatro bordas.

O vão maior é L_y.

Tabela 5.4 Tabela de Czernin para Situação 1

γ	m_x	m_y	V_x	V_y
1,00	27,2	27,2	0,250	0,250
1,20	19,1	29,1	0,292	0,208
1,40	15,0	32,8	0,321	0,179
1,60	12,7	36,1	0,344	0,156
1,80	11,3	38,5	0,361	0,139
2,00	10,4	40,3	0,375	0,125

Momento fletor:

$$M_x = \frac{pL_{x^2}}{m_x}$$

$$M_x = \frac{pL_{x^2}}{m_x}$$

Reações de apoio:

$$R_x = V_x * p * L_y$$

$$R_y = V_y * p * L_x$$

SITUAÇÃO 2A

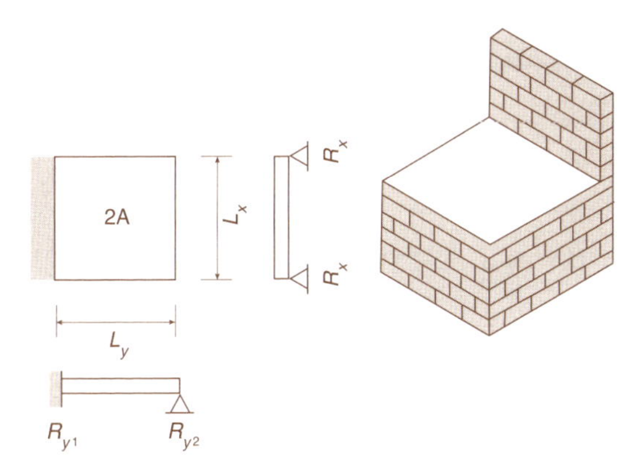

Figura 5.5 Laje com a borda menor engastada e três bordas apoiadas.

O vão maior é L_y.

Tabela 5.5 Tabela de Czernin para Situação 2A

γ	m_x	m_y	n_x	V_x	V_{y1}	V_{y2}
1,00	41,2	29,4	11,9	0,183	0,402	0,232
1,20	25,9	28,9	10,1	0,220	0,355	0,205
1,40	18,8	30,8	9,2	0,256	0,310	0,179
1,60	15,0	33,6	8,7	0,286	0,272	0,156
1,80	12,8	36,2	8,4	0,310	0,241	0,139
2,00	11,4	38,8	8,2	0,329	0,217	0,125

Momento fletor:

$$M_x = \frac{pL_{x^2}}{m_x}$$

$$M_y = \frac{pL_{x^2}}{m_y}$$

$$X_y = -\frac{pL_{x^2}}{n_y}$$

Reações de apoio:

$$R_{x1} = V_{x1} * p * L_y$$

$$R_{x2} = V_{x2} * p * L_y$$

$$R_y = V_y * p * L_x$$

SITUAÇÃO 2B

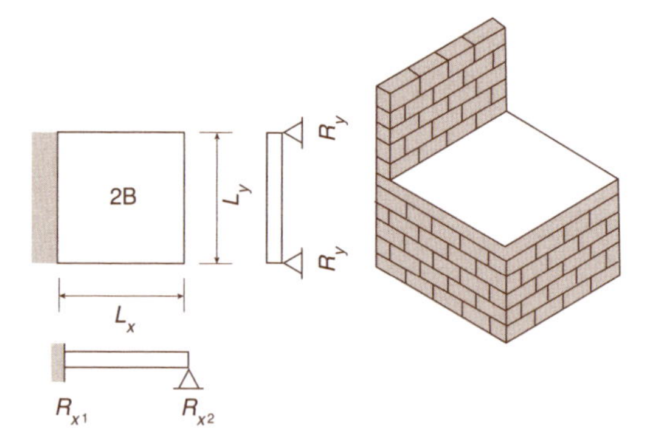

Figura 5.6 Laje com a borda maior engastada e três bordas apoiadas.

O vão maior é L_y.

Tabela 5.6 Tabela de Czernin para Situação 2B

γ	m_x	m_y	n_x	V_{x1}	V_y	V_{x2}
1,00	31,4	41,2	11,9	0,402	0,183	0,232
1,20	24,5	48,8	10,2	0,440	0,153	0,254
1,40	21,0	54,3	9,3	0,468	0,131	0,270
1,60	19,0	56,8	8,8	0,488	0,115	0,282
1,80	17,8	58,6	8,4	0,504	0,102	0,292
2,00	17,1	59,2	8,3	0,517	0,092	0,299

Momento fletor:

$$M_x = \frac{pL_{x^2}}{m_x}$$

$$M_y = \frac{pL_{x^2}}{m_y}$$

$$X_x = -\frac{pL_{x^2}}{n_x}$$

Reações de apoio:

$$R_x = V_x * p * L_y$$

$$R_{y1} = V_{y1} * p * L_x$$

$$R_{y2} = V_{y2} * p * L_x$$

SITUAÇÃO 3

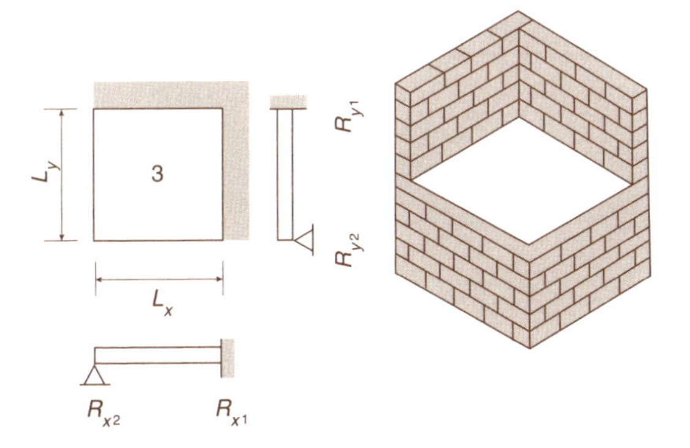

Figura 5.7 Laje com duas bordas engastadas e duas bordas apoiadas.

O vão maior é L_y.

Tabela 5.7 Tabela de Czernin para Situação 3

γ	m_x	m_y	n_x	n_y	V_{x^1}	V_{y^1}	V_{x^2}	V_{y^2}
1,00	40,2	40,2	14,3	14,3	0,317	0,317	0,183	0,183
1,20	30,0	44,0	11,5	13,1	0,371	0,264	0,212	0,153
1,40	24,1	51,0	10,0	12,6	0,408	0,227	0,234	0,131
1,60	21,0	54,8	9,2	12,3	0,437	0,195	0,250	0,115
1,80	19,1	57,7	8,7	12,2	0,459	0,176	0,263	0,102
2,00	17,9	60,2	8,4	12,2	0,476	0,159	0,274	0,091

Momento fletor:

$$M_x = \frac{pL_{x^2}}{m_x}$$

$$M_y = \frac{pL_{x^2}}{m_y}$$

$$X_x = -\frac{pL_{x^2}}{n_x}$$

$$X_y = -\frac{pL_{x^2}}{n_y}$$

Reações de apoio:

$$R_{x1} = V_{x1} * p * L_y$$

$$R_{x2} = V_{x2} * p * L_y$$

$$R_{y1} = V_{y1} * p * L_x$$

$$R_{y2} = V_{y2} * p * L_x$$

SITUAÇÃO 4A

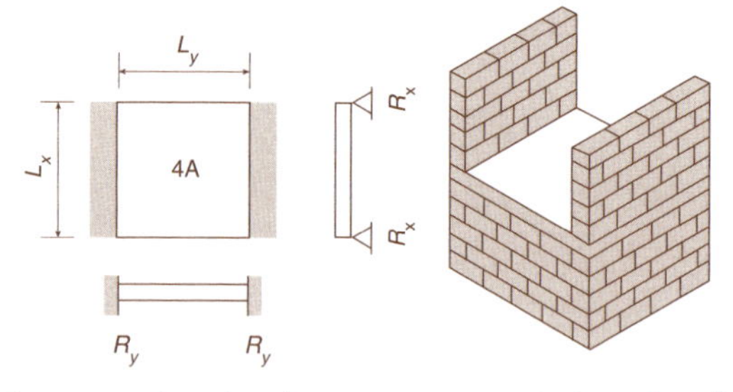

Figura 5.8 Laje com as duas bordas menores engastadas e duas bordas maiores apoiadas.

O vão maior é L_y.

Tabela 5.8 Tabela de Czernin para Situação 4A

γ	m_x	m_y	n_x	V_x	V_{y^1}
1,00	63,3	35,1	14,3	0,144	0,356
1,20	35,5	31,7	11,5	0,173	0,327
1,40	23,7	31,4	10,0	0,203	0,297
1,60	19,9	33,1	9,2	0,233	0,267
1,80	14,6	37,1	8,7	0,259	0,241
2,00	12,5	42,4	8,4	0,280	0,217

Momento fletor:

$$M_x = \frac{pL_{x^2}}{m_x}$$

$$M_y = \frac{pL_{x^2}}{m_y}$$

$$X_y = -\frac{pL_{x^2}}{n_y}$$

Reações de apoio:

$$R_x = V_x * p * L_y$$

$$R_y = V_y * p * L_x$$

SITUAÇÃO 4B

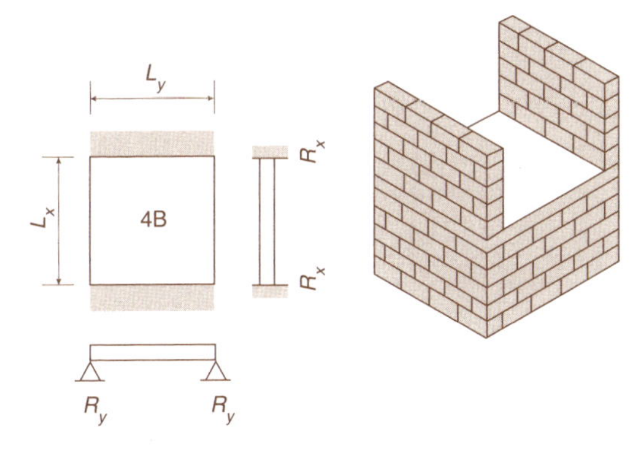

Figura 5.9 Laje com as duas bordas maiores engastadas e duas menores apoiadas.

O vão maior é L_y.

Tabela 5.9 Tabela de Czernin para Situação 4B

γ	m_x	m_y	n_x	V_x	V_{y^1}
1,00	35,1	61,7	14,0	0,356	0,144
1,20	29,4	71,5	13,0	0,380	0,120
1,40	26,6	74,6	12,3	0,397	0,103
1,60	25,2	77,0	12,0	0,410	0,09
1,80	24,4	77,0	12,0	0,420	0,08
2,00	24,1	77,0	12,0	0,428	0,072

Momento fletor:

$$M_x = \frac{pL_{x^2}}{m_x}$$

$$M_y = \frac{pL_{x^2}}{m_y}$$

$$X_x = -\frac{pL_{x^2}}{n_x}$$

Reações de apoio:

$$R_x = V_x * p * L_y$$

$$R_y = V_y * p * L_x$$

SITUAÇÃO 5A

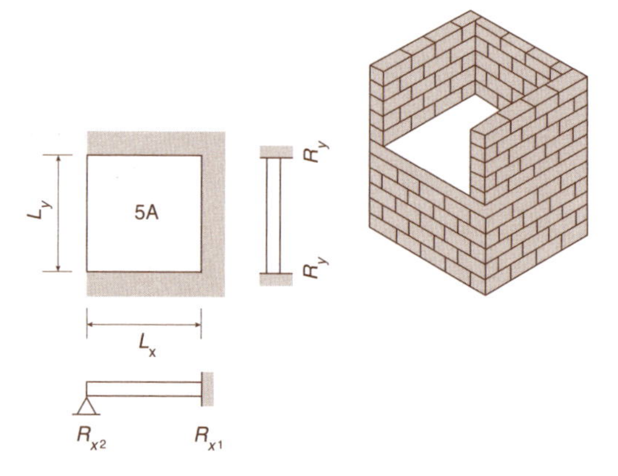

Figura 5.10 Laje com as três bordas engastadas pelo lado menor.

O vão maior é L_y.

Tabela 5.10 Tabela de Czernin para Situação 5A

γ	m_x	m_y	n_x	n_y	V_x	V_{y1}	V_{y2}
1,00	59,5	44,1	18,3	16,2	0,304	0,250	0,142
1,20	37,5	44,8	13,5	13,9	0,264	0,301	0,171
1,40	28,0	50,3	11,2	13,0	0,227	0,350	0,196
1,60	23,3	61,6	10,1	12,6	0,198	0,387	0,217
1,80	20,3	79,6	9,4	12,4	0,176	0,416	0,232
2,00	18,7	101,0	8,8	12,3	0,153	0,437	0,245

Momento fletor:

$$M_x = \frac{pL_{x^2}}{m_x}$$

$$M_y = \frac{pL_{x^2}}{m_y}$$

$$X_x = -\frac{pL_{x^2}}{n_x}$$

$$X_y = -\frac{pL_{x^2}}{n_y}$$

Reações de apoio:

$$R_x = V_x * p * L_y$$

$$R_{y1} = V_{y1} * p * L_x$$

$$R_{y2} = V_{y2} * p * L_x$$

SITUAÇÃO 5B

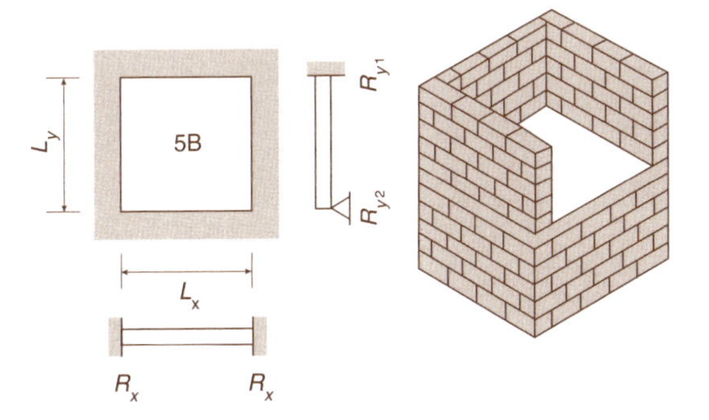

Figura 5.11 Laje com as três bordas engastadas pelo lado maior.

Tabela 5.11 Tabela de Czernin para Situação 5B

γ	m_x	m_y	n_x	n_y	V_y	V_{x1}	V_{x2}
1,00	44,1	55,9	16,2	18,3	0,303	0,250	0,144
1,20	33,8	66,2	13,9	17,5	0,336	0,208	0,120
1,40	29,0	72,0	12,7	17,5	0,359	0,179	0,103
1,60	25,5	78,7	12,3	17,5	0,377	0,156	0,090
1,80	25,1	86,8	12,1	17,5	0,391	0,138	0,080
2,00	24,5	89,7	12,0	17,5	0,402	0,125	0,071

Momento fletor:

$$M_x = \frac{pL_{x^2}}{m_x}$$

$$M_y = \frac{pL_{x^2}}{m_y}$$

$$X_x = -\frac{pL_{x^2}}{n_x}$$

$$X_y = -\frac{pL_{x^2}}{n_y}$$

Reações de apoio:

$$R_{x1} = V_{x1} * p * L_y$$
$$R_{x2} = V_{x2} * p * L_y$$
$$R_y = V_y * p * L_x$$

SITUAÇÃO 6

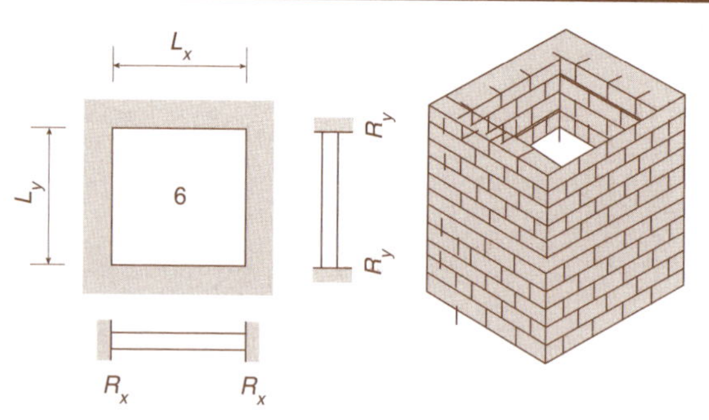

Figura 5.12 Laje com as quatro bordas engastadas.

O vão maior é L_y.

Tabela 5.12 Tabela de Czernin para Situação 6

γ	m_x	m_y	n_x	n_y	V_x	V_y
1,00	56,8	56,8	19,4	19,4	0,250	0,250
1,20	39,4	65,8	15,5	17,9	0,208	0,292
1,40	31,9	89,4	13,7	17,5	0,179	0,321
1,60	28,1	98,1	12,8	17,5	0,156	0,344
1,80	26,0	103,3	12,3	17,5	0,139	0,361
2,00	25,0	105,0	12,0	17,5	0,125	0,375

Momento fletor:

$$M_x = \frac{pL_{x^2}}{m_x}$$

$$M_y = \frac{pL_{x^2}}{m_y}$$

$$X_x = -\frac{pL_{x^2}}{n_x}$$

$$X_y = -\frac{pL_{x^2}}{n_y}$$

Reações de apoio:

$$R_x = V_x * p * L_y R_y = V_y * p * L_x$$

CAPÍTULO 6

CÁLCULO DE LAJES PASSO A PASSO

6.1 CÁLCULO DE LAJE CONTÍNUA

Neste capítulo, dando prosseguimento ao cálculo da laje, faremos o desenvolvimento passo a passo de um exemplo de cálculo. Quando trabalhamos com lajes contínuas, a borda que tem continuidade é considerada borda engastada. Na Figura 6.1 cada uma das lajes apresenta uma situação particular. Para este exemplo, consideramos carga uniforme de 500 kgf/m² em todas as lajes, assim como manteremos a mesma altura para todas elas. Inicialmente devemos compatibilizar uma altura adequada para a laje.

Vejamos como fazer os cálculos conforme os engastamentos dos apoios em cada laje:

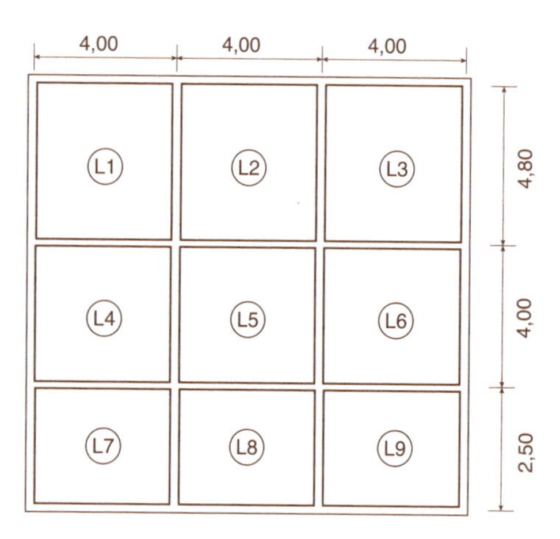

Figura 6.1 Laje contínua.

Determinação da altura da laje:

$$d \geq \frac{L}{\psi_2 \cdot \psi_3}$$

O valor de $\psi_2 = 1{,}64$ é obtido na tabela.
Para o aço CA-50, o $\psi_3 = 25$, com $L = 4{,}00$ m.

Fazendo as devidas substituições de valores, teremos d = 9,75 cm.

Com a cobertura da ferragem, podemos adotar uma altura total para a laje h = 12 cm.

Vejamos a determinação das solicitações nas lajes:

As lajes L1 e L3 são semelhantes e encontram-se na Situação 3.

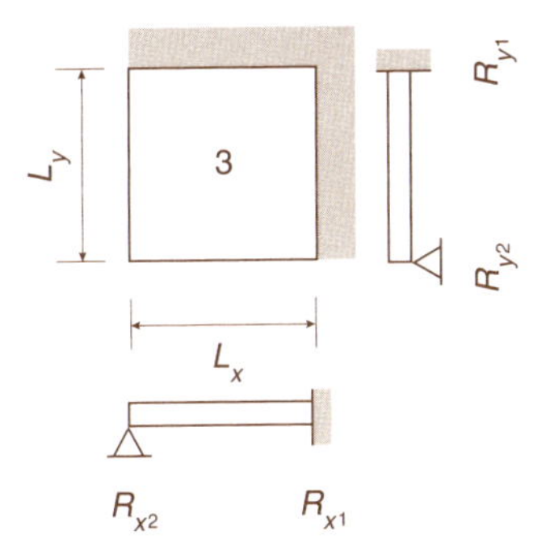

Figura 6.2 Laje com duas bordas engastadas e duas bordas apoiadas.

$$\gamma = \frac{L_y}{L_x} = \frac{4,80}{4,00} = 1,2$$

Da tabela de Czernin, aplicando γ = 1,2 obtemos:

Tabela 6.1 Tabela de Czernin para Situação 3

γ	m_x	m_y	n_x	n_y	V_{x1}	V_{y1}	V_{x2}	V_{y2}
1,00	40,2	40,2	14,3	14,3	0,317	0,317	0,183	0,183
1,20	**30,0**	**44,0**	**11,5**	**13,1**	**0,371**	**0,264**	**0,212**	**0,153**
1,40	24,1	51,0	10,0	12,6	0,408	0,227	0,234	0,131
1,60	21,0	54,8	9,2	12,3	0,437	0,195	0,250	0,115
1,80	19,1	57,7	8,7	12,2	0,459	0,176	0,263	0,102
2,00	17,9	60,2	8,4	12,2	0,476	0,159	0,274	0,091

Substituindo os valores da tabela nas fórmulas aplicáveis à Situação 3, obtemos:

Momento fletor:

$$Mx = \frac{pL_{x^2}}{m_x} = \frac{500 * (4,00)^2}{30} = 266,67 \text{ kg} \cdot \text{m}$$

$$M_y = \frac{pL_{x^2}}{m_y} = \frac{500 * (4,00)^2}{44} = 181,82 \text{ kg} \cdot \text{m}$$

$$X_x = -\frac{pL_{x^2}}{n_x} = -\frac{500 * (4,00)^2}{11,5} = -695,65 \text{ kg} \cdot \text{m}$$

$$X_y = -\frac{pL_{x^2}}{n_y} = -\frac{500 * (4,00)^2}{13,1} = -610,69 \text{ kg} \cdot \text{m}$$

Reações de apoio:

$$R_{x1} = V_{x1} * p * L_y = 0,371 * 500 * 4,80 = 890,40 \text{ kg/m}$$

$$R_{x2} = V_{x2} * p * L_y = 0,212 * 500 * 4,80 = 508,80 \text{ kg/m}$$

$$R_{y1} = V_{y1} * p * L_x = 0,264 * 500 * 4,00 = 528,00 \text{ kg/m}$$

$$R_{y2} = V_{y2} * p * L_x = 0,153 * 500 * 4,00 = 306,00 \text{ kg/m}$$

A laje L2 encontra-se na Situação 5B.

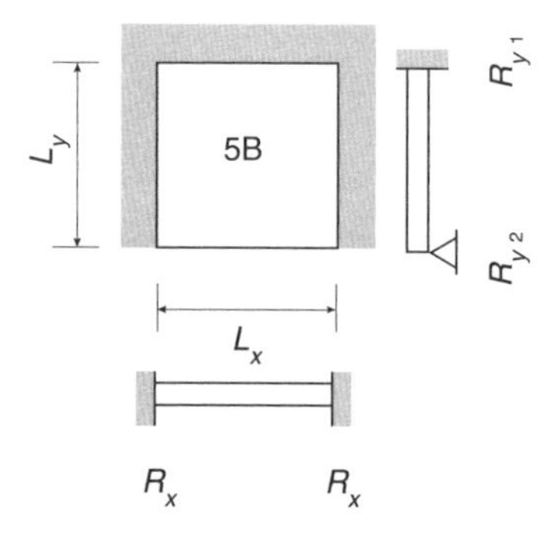

Figura 6.3 Laje com as três bordas engastadas pelo lado maior.

$$\gamma = \frac{L_y}{L_x} = \frac{4,80}{4,00} = 1,2$$

Da tabela de Czernin, aplicando $\Upsilon = 1,2$ obtemos:

Tabela 6.2 Tabela de Czernin para Situação 5B

γ	m_x	m_y	n_x	n_y	V_y	V_{x1}	V_{x2}
1,00	44,1	55,9	16,2	18,3	0,303	0,250	0,144
1,20	**33,8**	**66,2**	**13,9**	**17,5**	**0,336**	**0,208**	**0,120**
1,40	29,0	72,0	12,7	17,5	0,359	0,179	0,103
1,60	25,5	78,7	12,3	17,5	0,377	0,156	0,090
1,80	25,1	86,8	12,1	17,5	0,391	0,138	0,080
2,00	24,5	89,7	12,0	17,5	0,402	0,125	0,071

Substituindo os valores da tabela nas fórmulas aplicáveis à Situação 5B, obtemos:

Momento fletor:

$$Mx = \frac{pLx^2}{mx} = \frac{500 * (4,00)^2}{33,8} = 238,10 \text{ kg} \cdot \text{m}$$

$$My = \frac{pLx^2}{my} = \frac{500 * (4,00)^2}{66,2} = 120,85 \text{ kg} \cdot \text{m}$$

$$Xx = -\frac{pLx^2}{ny} = -\frac{500 * (4,00)^2}{13,9} = -575,54 \text{ kg} \cdot \text{m}$$

$$Xy = -\frac{pLx^2}{ny} = -\frac{500 * (4,00)^2}{13,1} = -457,14 \text{ kg} \cdot \text{m}$$

Reações de apoio:

$$R_{x1} = V_{x1} * p * L_y = 0,208 * 500 * 4,80 = 499,20 \text{ kg/m}$$

$$R_{x2} = V_{x2} * p * L_y = 0,120 * 500 * 4,80 = 288,00 \text{ kg/m}$$

$$R_y = V_y * p * L_x = 0,336 * 500 * 4,00 = 672,00 \text{ kg/m}$$

As lajes L4 e L6 são semelhantes e encontram-se na mesma situação da laje L2, com a diferença de que a medida do vão menor é igual à do vão maior. No nosso exemplo, aplicaremos a Situação 5A:

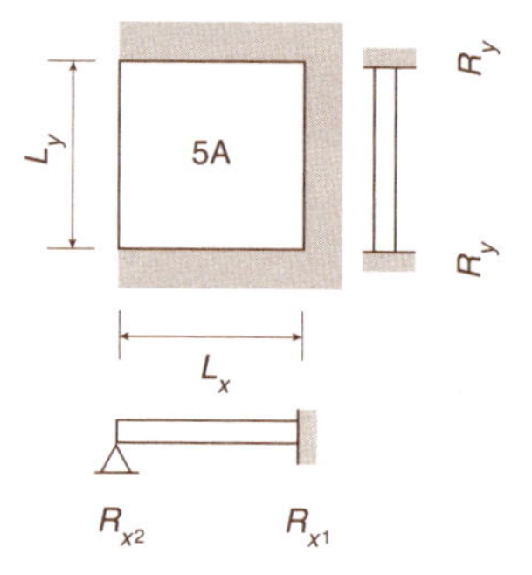

Figura 6.4 Laje com as três bordas engastadas pelo lado menor.

$$\gamma = \frac{L_y}{L_x} = \frac{4,00}{4,00} = 1,0$$

Da tabela de Czernin, aplicando $\gamma = 1,0$ obtemos:

Tabela 6.3 Tabela de Czernin para Situação 5A

γ	m_x	m_y	n_x	n_y	V_x	V_{y1}	V_{y2}
1,00	**59,5**	**44,1**	**18,3**	**16,2**	**0,304**	**0,250**	**0,142**
1,20	37,5	44,8	13,5	13,9	0,264	0,301	0,171
1,40	28,0	50,3	11,2	13,0	0,227	0,350	0,196
1,60	23,3	61,6	10,1	12,6	0,198	0,387	0,217
1,80	20,3	79,6	9,4	12,4	0,176	0,416	0,232
2,00	18,7	101,0	8,8	12,3	0,153	0,437	0,245

Substituindo os valores da tabela nas fórmulas aplicáveis à Situação 5A, obtemos:

Momento fletor:

$$M_x = \frac{pL_{x^2}}{m_x} = \frac{500 * (4,00)^2}{59,5} = 134,45 \text{ kg} \cdot \text{m}$$

$$M_y = \frac{pL_{x^2}}{m_y} = \frac{500 * (4,00)^2}{44,1} = 181,41 \text{ kg} \cdot \text{m}$$

$$X_x = -\frac{pL_{x^2}}{n_x} = -\frac{500 * (4,00)^2}{18,3} = -437,16 \text{ kg} \cdot \text{m}$$

$$X_y = -\frac{pL_{x^2}}{n_y} = -\frac{500 * (4,00)^2}{16,2} = -493,83 \text{ kg} \cdot \text{m}$$

Reações de apoio:

$$R_x = V_x * p * L_y = 0,304 * 500 * 4,00 = 608,00 \text{ kg/m}$$

$$R_{y1} = V_{y1} * p * L_x = 0,250 * 500 * 4,00 = 500,00 \text{ kg/m}$$

$$R_{y2} = V_{y2} * p * L_x = 0,142 * 500 * 4,00 = 284,00 \text{ kg/m}$$

A laje L5 encontra-se na Situação 6, em que se considera que as quatro bordas estão engastadas:

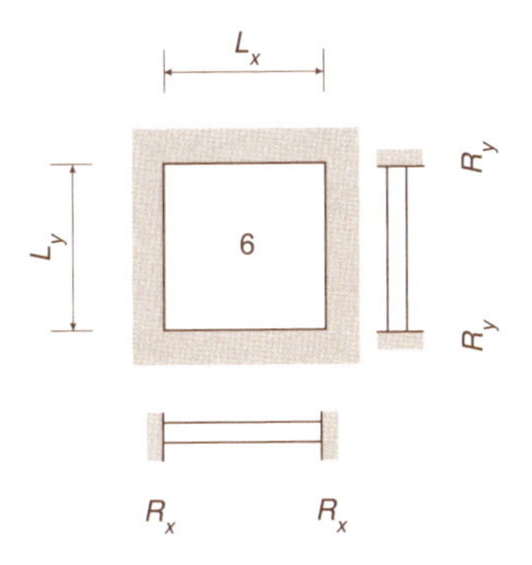

Figura 6.5 Laje com as quatro bordas engastadas.

$$\gamma = \frac{L_y}{L_x} = \frac{4,00}{4,00} = 1,0$$

Da tabela de Czernin, aplicando $\gamma = 1,0$ obtemos:

Tabela 6.4 Tabela de Czernin para Situação 6

γ	m_x	m_y	n_x	n_y	V_x	V_y
1,00	**56,8**	**56,8**	**19,4**	**19,4**	**0,250**	**0,250**
1,20	39,4	65,8	15,5	17,9	0,208	0,292
1,40	31,9	89,4	13,7	17,5	0,179	0,321
1,60	28,1	98,1	12,8	17,5	0,156	0,344
1,80	26,0	103,3	12,3	17,5	0,139	0,361
2,00	25,0	105,0	12,0	17,5	0,125	0,375

Substituindo os valores da tabela nas fórmulas aplicáveis à Situação 6, obtemos:
Momento fletor:

$$M_x = \frac{pL_{x^2}}{m_x} = \frac{500 * (4,00)^2}{56,8} = 140,85 \text{ kg} \cdot \text{m}$$

$$M_y = \frac{pL_{x^2}}{m_y} = \frac{500 * (4,00)^2}{56,8} = 140,85 \text{ kg} \cdot \text{m}$$

$$X_x = -\frac{pL_{x^2}}{n_x} = -\frac{500 * (4,00)^2}{19,4} = -412,37 \text{ kg} \cdot \text{m}$$

$$X_y = -\frac{pL_{x^2}}{n_y} = -\frac{500 * (4,00)^2}{19,4} = -412,37 \text{ kg} \cdot \text{m}$$

Reações de apoio:

$$R_x = V_y * p * L_x = 0,250 * 500 * 4,00 = 500,00 \text{ kg/m}$$

As lajes L7 e L9 são semelhantes e encontram-se na mesma situação das lajes L1 e L3, com a diferença de medidas dos vãos. No nosso exemplo, aplicaremos a Situação 3 tomando o cuidado de inverter o lado L_x pelo lado L_y para que o L_y seja o vão maior:

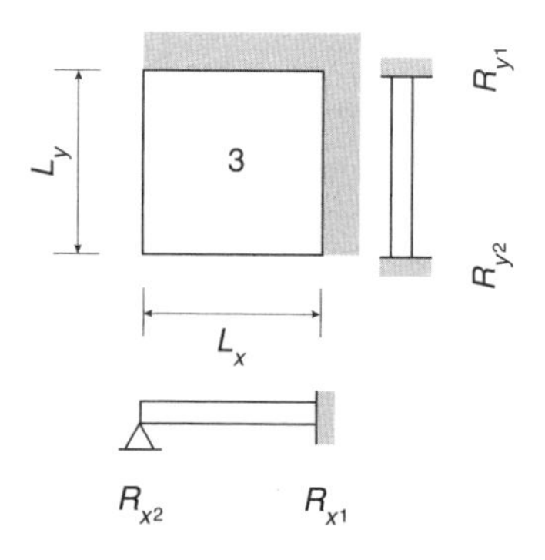

Figura 6.6 Laje com duas bordas engastadas e duas bordas apoiadas.

$$L_x = 4,00 \text{ passa a ser } L_y.$$

$$L_y = 2,50 \text{ passa a ser } L_x.$$

$$\gamma = \frac{L_y}{L_x} = \frac{4,00}{2,50} = 1,6$$

Da tabela de Czernin, aplicando $Y = 1{,}6$ obtemos:

Tabela 6.5 Tabela de Czernin para Situação 3

γ	m_x	m_y	n_x	n_y	V_{x1}	V_{y1}	V_{x2}	V_{y2}
1,00	40,2	40,2	14,3	14,3	0,317	0,317	0,183	0,183
1,20	30,0	44,0	11,5	13,1	0,371	0,264	0,212	0,153
1,40	24,1	51,0	10,0	12,6	0,408	0,227	0,234	0,131
1,60	**21,0**	**54,8**	**9,2**	**12,3**	**0,437**	**0,195**	**0,250**	**0,115**
1,80	19,1	57,7	8,7	12,2	0,459	0,176	0,263	0,102
2,00	17,9	60,2	8,4	12,2	0,476	0,159	0,274	0,091

Substituindo os valores da tabela nas fórmulas aplicáveis à Situação 3, obtemos:

Momento fletor:

$$M_x = \frac{pL_{x^2}}{m_x} = \frac{500 * (2,50)^2}{21,0} = 161,08 \text{ kg} \cdot \text{m}$$

$$M_y = \frac{pL_{x^2}}{m_y} = \frac{500 * (2,50)^2}{54,8} = 57,03 \text{ kg} \cdot \text{m}$$

$$X_x = -\frac{pL_{x^2}}{n_x} = -\frac{500 * (2,50)^2}{9,2} = -339,67 \text{ kg} \cdot \text{m}$$

$$X_y = -\frac{pL_{x^2}}{n_y} = -\frac{500 * (2,50)^2}{12,3} = -254,07 \text{ kg} \cdot \text{m}$$

Reações de apoio:

$$R_{x1} = V_{x1} * p * L_y = 0,437 * 500 * 4,00 = 874,00 \text{ kg/m}$$

$$R_{x2} = V_{x2} * p * L_y = 0,250 * 500 * 4,00 = 500,00 \text{ kg/m}$$

$$R_{y1} = V_{y1} * p * L_x = 0,195 * 500 * 2,50 = 243,75 \text{ kg/m}$$

$$R_{y2} = V_{y2} * p * L_x = 0,115 * 500 * 2,50 = 143,75 \text{ kg/m}$$

A laje L8 encontra-se na mesma situação da laje L2, com a diferença de medidas dos vãos. No nosso exemplo, aplicaremos a Situação 5B tomando o cuidado de inverter o lado L_x pelo lado L_y para que o L_y seja o vão maior:

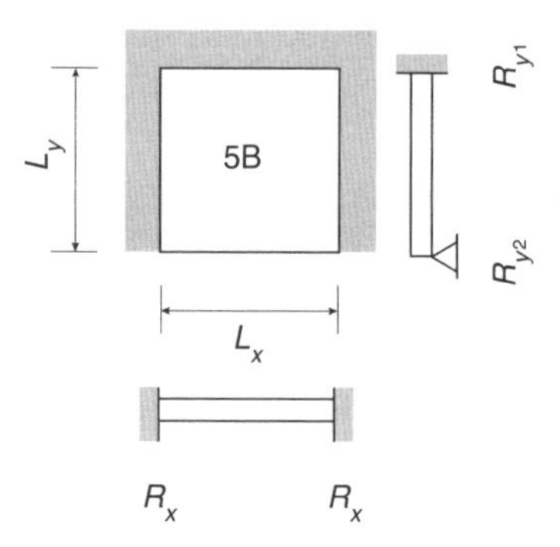

Figura 6.7 Laje com as três bordas engastadas pelo lado maior.

$L_x = 4{,}00$ passa a ser L_y.

$L_y = 2{,}50$ passa a ser L_x.

$$\gamma = \frac{L_y}{L_x} = \frac{4{,}00}{2{,}50} = 1{,}6$$

Da tabela de Czernin, aplicando $\Upsilon = 1{,}6$ obtemos:

Tabela 6.6 Tabela de Czernin para Situação 5B

γ	m_x	m_y	n_x	n_y	V_y	V_{x1}	V_{x2}
1,00	44,1	55,9	16,2	18,3	0,303	0,250	0,144
1,20	33,8	66,2	13,9	17,5	0,336	0,208	0,120
1,40	29,0	72,0	12,7	17,5	0,359	0,179	0,103
1,60	**25,5**	**78,7**	**12,3**	**17,5**	**0,377**	**0,156**	**0,090**
1,80	25,1	86,8	12,1	17,5	0,391	0,138	0,080
2,00	24,5	89,70	12,0	17,5	0,402	0,125	0,071

Substituindo os valores da tabela nas fórmulas aplicáveis à Situação 5B, obtemos:

Momento fletor:

$$M_x = \frac{pL_{x^2}}{m_x} = \frac{500 * (2{,}50)^2}{25{,}5} = 122{,}55 \text{ kg} \cdot \text{m}$$

$$M_y = \frac{pL_{x^2}}{m_y} = \frac{500 * (2,50)^2}{78,7} = 39,71 \text{ kg} \cdot \text{m}$$

$$X_x = -\frac{pL_{x^2}}{n_x} = -\frac{500 * (2,50)^2}{12,3} = -254,07 \text{ kg} \cdot \text{m}$$

$$X_y = -\frac{pL_{x^2}}{n_y} = -\frac{500 * (2,50)^2}{17,5} = -178,57 \text{ kg} \cdot \text{m}$$

Reações de apoio:

$$R_{x1} = V_{x1} * p * L_y = 0,156 * 500 * 4,00 = 312,00 \text{ kg/m}$$

$$R_{x2} = V_{x2} * p * L_y = 0,090 * 500 * 4,00 = 180,00 \text{ kg/m}$$

$$R_y = V_y * p * L_x = 0,377 * 500 * 2,50 = 471,25 \text{ kg/m}$$

Assim, temos calculados:

a) momento fletor no meio do vão nos dois sentidos;

b) momento fletor negativo nos apoios em que há continuidade da laje;

c) reações de apoio nas bordas e na parte central da laje.

Falta ainda determinar os esforços cortantes.

6.2 ESFORÇOS CORTANTES NA LAJE

Será dispensada a armadura para cisalhamento quando

$$Twd = \frac{1,4 * V}{b * d} \leq Twul$$

em que

Twd é a tensão cortante de cálculo.

V é o esforço cortante.

b é a medida da faixa de laje considerada no cálculo (100 cm).

d é a altura útil da laje.

Twul é a tensão cortante última.

Pelo menos metade da armadura longitudinal de tração deve ser prolongada até os apoios e ser ancorada nestes.

Valores de *Twul* para $fck = 150$ kgf/cm³ e $h \leq 15$ cm.

$$\rho_1 = \frac{As}{b * h}$$

em que

ρ_1 é a porcentagem da distribuição da seção de ferro da laje.

As é a armadura longitudinal de tração no trecho de comprimento 2h a partir da face do apoio.
b é a medida da faixa de laje considerada no cálculo (100 cm).
h é a altura da laje.

Tabela 6.7 Valores de *Twul*

ρ_1(%)	*Twul*	ρ_1(%)	*Twul*
0,10	4,36	0,85	7,44
0,15	4,82	0,90	7,54
0,20	5,18	0,95	7,65
0,25	5,48	1,00	7,75
0,30	5,73	1,05	7,84
0,35	5,96	1,10	7,93
0,40	6,16	1,15	8,02
0,45	6,34	1,20	8,11
0,50	6,51	1,25	8,19
0,55	6,67	1,30	8,27
0,60	6,82	1,35	8,35
0,65	6,96	1,40	8,43
0,70	7,09	1,45	8,50
0,75	7,21	1,50	8,57
0,80	7,33	≥1,5	8,57

Para $h > 15$ cm, multiplicar os valores da tabela por $\frac{165 - h}{150}$.

Para $h \geq 60$ cm, multiplicar os valores da tabela por 0,70.

Quando *Twd* > *Twul* será necessário aumentar a altura da laje. No caso de não ser possível aumentar a altura da laje, torna-se obrigatória a colocação de armadura adicional.

As tabelas a seguir apresentam os valores limite últimos da tensão convencional de cisalhamento nas lajes para $fck = 150$ kgf/cm^2.

Tabela 6.8 Valores de altura da laje para $fck = 150$ kgf/cm^2

h(cm)	*Twul*	*h*(cm)	*Twul*
15	18,4	22	15,4
16	13,6	23	15,7
17	13,9	24	16,0
18	14,2	25	16,3
19	14,5	26	16,6
20	14,8	27	17,0
21	15,1	28	17,2

Tabela 6.9 Faixa de valores de altura da laje para $fck = 150$ kgf/cm^2

ALTURA *h* (cm)	*Twul*
$h \leq 15$	$0{,}5 \times 26{,}78$
$15 < h < 60$	$(0{,}33 + h/90) \times 26{,}78$
$h > 60$	26,78

CAPÍTULO 7

DEFORMAÇÕES NOS VÁRIOS TIPOS DE LAJES

7.1 COMPORTAMENTO ESTRUTURAL DAS LAJES

O concreto apresenta certas deformações inerentes à sua própria característica reológica, independentemente dos esforços que lhe são impostos. A análise das deformações da laje deve se iniciar com o estudo do material básico e ativo que une os demais materiais e se torna o responsável pela resistência e demais fenômenos que ocorrem durante e após o endurecimento do concreto depois do seu lançamento.

Deformações nas lajes de concreto podem ocorrer em virtude de tensões internas, tendo como motivo causas diversas. Podemos citar como causas a serem consideradas:

- calor excessivo;
- recalques nas fundações;
- falta de ferragem;
- armadura com espaçamento muito grande entre as barras;
- carregamento superior àquele para o qual a laje foi calculada;
- retração do concreto causada pela perda de água.

7.2 RETRAÇÃO DO CONCRETO

A retração do concreto é uma redução de volume da peça de concreto. O fenômeno independe do carregamento, ocorrendo em razão da perda de água que não está quimicamente associada ao concreto. A retração hidráulica do concreto após a pega se deve à perda, por evaporação, de parte da água de amassamento para o ambiente. Quanto maior for a baixa umidade relativa do ar, maior será a perda da água.

No processo de retração, a água é inicialmente expulsa das fibras externas criando condições de deformações diferenciais entre a periferia e o miolo, gerando tensões capazes de provocar fissuração.

A retração depois da pega se dá lentamente, após o adensamento do concreto, razão pela qual devem ser tomadas providências que assegurem uma perfeita cura, impedindo a evaporação da água do concreto.

Observações feitas demonstram que quando a cura do concreto é benfeita a retração só se iniciará quando a cura for interrompida (idade na qual o concreto terá sua resistência à tração aumentada), não ocorrendo, portanto, o fissuramento.

A relação entre a tensão e a deformação do concreto é uma questão de tempo. O aumento progressivo da deformação, subordinado a uma tensão constante, é chamado de fluência. A fluência tem um papel importante no mecanismo das estruturas.

Em todas as estruturas de concreto, a fluência reduz as tensões internas graças à retração não uniforme, obtendo-se uma diminuição do esforço motivador de fissuras. As fissuras ocorrem tanto nas lajes maciças quanto nas lajes nervuradas ou pré-moldadas.

7.3 LAJES PRÉ-MOLDADAS

Pouco após seu surgimento, as lajes pré-moldadas passaram a fazer parte do panorama das pequenas cidades.

Figura 7.1 Aplicação das lajes.

Para lajes que exigem pouca robustez e a sobrecarga é pequena, podem ser usadas lajes com vigotas de abas para sustentação das peças cerâmicas. Esse tipo de laje encontra-se em desuso, sendo empregada apenas em pequenas obras.

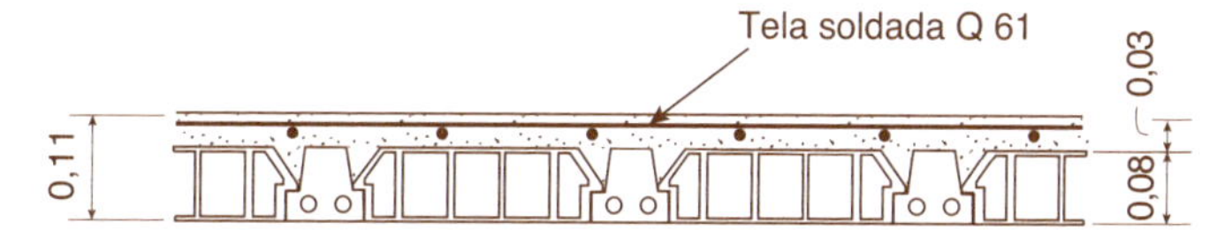

Figura 7.2 Laje pré-fabricada.

Atualmente o que encontramos em uso são as chamadas lajes treliçadas.

Figura 7.3 Laje treliçada.

Para cargas mais significativas e de maior responsabilidade, foram idealizadas lajes pré-moldadas, executadas com vigotas treliçadas de banzos paralelos. A concepção da laje treliçada é a mesma das lajes nervuradas.

A laje nervurada normalmente é armada na direção do menor vão, funcionando como um conjunto de vigas T uma ao lado da outra. A diferença está na forma de composição da nervura.

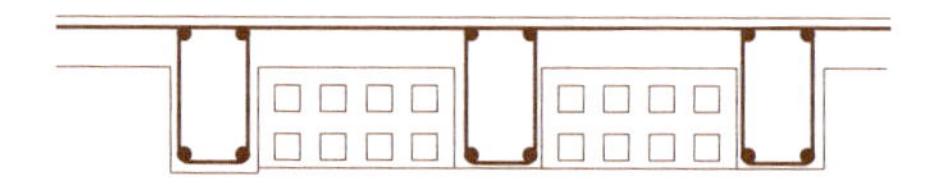

Figura 7.4 Laje nervurada.

Na laje nervurada, a armação é composta da forma convencional da armação das vigas retangulares, contando com a participação da mesa superior, ou seja, como uma viga T. O espaço livre entre as nervuras pode ser preenchido com material inerte como blocos de cerâmica com formato próprio que venha facilitar o encaixe durante a execução da laje.

No caso da laje pré-moldada, a ferragem da nervura é composta de uma treliça com uma barra de ferro de construção no banzo superior, enquanto no banzo inferior são colocadas as barras de ferro necessárias para absorver o esforço de tração. A ligação entre o banzo superior e o banzo inferior é feita por diagonais de forma sinusoidal, confeccionadas com ligação por solda entre as barras metálicas. Em seguida é moldada a base de concreto envolvendo as barras do banzo inferior.

A base de concreto, durante a montagem e concretagem da laje, tem como função servir de apoio para os blocos de enchimento e dispensa a utilização de fôrma na concretagem da nervura.

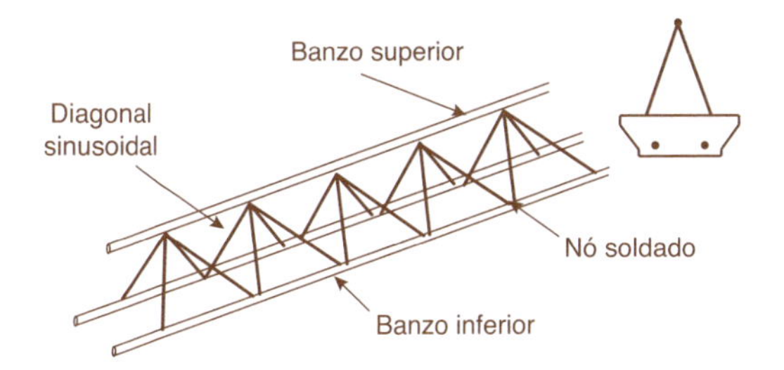

Figura 7.5 Treliças da nervura da laje pré-moldada.

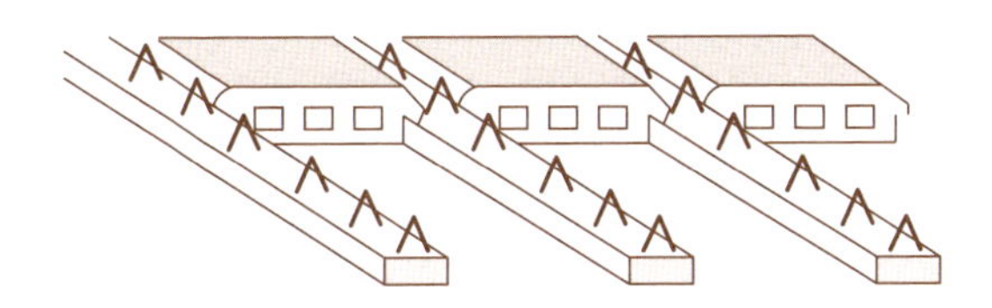

Figura 7.6 Montagem da laje treliçada.

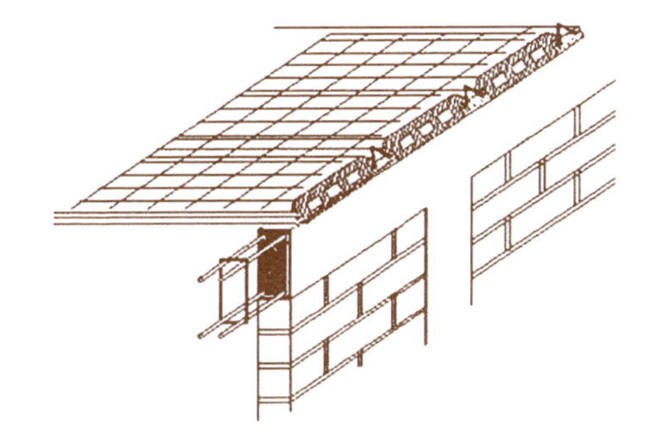

Figura 7.7 Apoio da laje na viga.

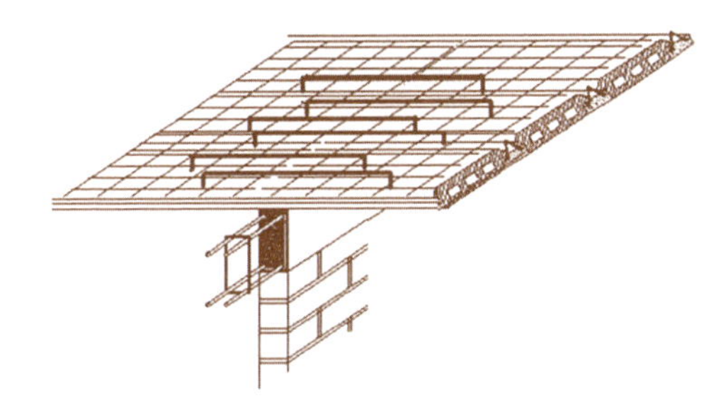

Figura 7.8 Ferragem sobre o apoio da laje.

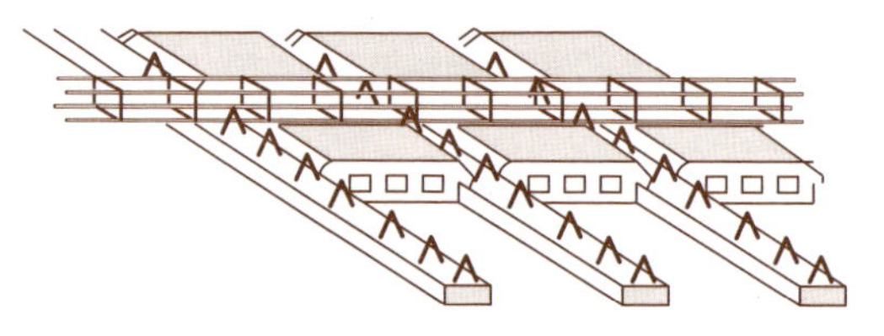

Figura 7.9 Nervura de travamento.

7.4 VERIFICAÇÃO DA FLECHA NA LAJE

As lajes com armadura cruzada funcionam como duas vigas que se cruzam com solidariedade total, de modo que as flechas num e no outro sentido se igualam, gerando esforços internos estaticamente indeterminados.

A situação é a seguinte: temos dois vãos diferentes e uma carga que deve ser repartida de tal forma que a flecha no maior vão seja igual à do menor vão. De imediato percebemos que o maior vão deve receber o menor quinhão de carga e o de menor vão deverá receber um quinhão de carga maior, de tal forma que no centro da laje haja igual deformação, como mostrado na Figura 7.10.

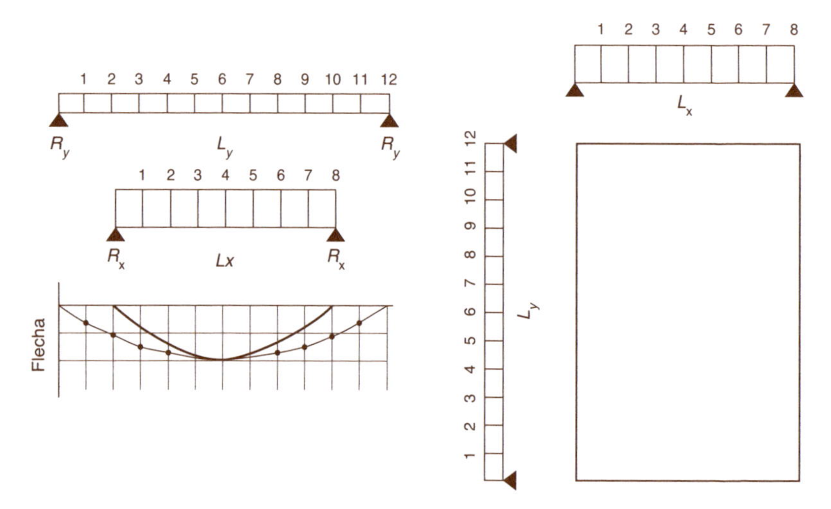

Figura 7.10 Superposição dos valores.

No caso de não ser atendida a altura mínima (*d*mín), torna-se necessário calcular a flecha no centro da laje. A flecha é a resultante do somatório da flecha decorrente da aplicação da sobrecarga mais a flecha devida à deformação lenta do concreto armado.

As cargas atuantes nas lajes são de natureza permanente (*g*) e de natureza acidental (*q*).

Para carga de curta duração (sobrecarga), tem-se:

$$fq = k * \frac{q * L_{x^4}}{Ec * d^3}$$

em que:
fq é a flecha.
k é o coeficiente dado em tabela.
q é a carga atuante.
L_x é o menor vão.
Ec é o módulo de elasticidade do concreto.
d é a altura útil.

Tomar para *q* o valor de 70 % da sobrecarga no caso de edifícios. O valor encontrado não deve ultrapassar o limite de $fq = \frac{L_x}{500}$.

carga de longa duração (efeito de deformação lenta), tem-se:

$$fg^{(0)} = k * \frac{g * L_{x^4}}{\varepsilon c * d^3}$$

$$fg^{(\infty)} = fg^{(0)} * \frac{3\varepsilon c + \varepsilon s}{\varepsilon c + \varepsilon s}$$

em que:
fg é a flecha para carga de longa duração.
εc é a deformação do concreto.
εs é a deformação do aço.
g é carga permanente igual ao peso próprio + revestimento + paredes (aplicados durante a construção).
k é o coeficiente dado em tabela.
L_x é o menor vão.
d é a altura útil.
Para valores de *Mk* (kg × cm):

$$Ec = \frac{Mk(x)}{Ec * J}, \varepsilon s = \frac{Mk(d - x)}{Ec * J}, J = \frac{100 * d^3}{12}, x = kx * d \text{ (posição da LN)}$$

em que:
Mk é o momento na direção do menor vão L_x.
Ec é o módulo de elasticidade do concreto.
J é o momento de inércia da laje.
s é a deformação do aço.
d é a altura útil.
x é posição da linha neutra.
k é o coeficiente dado em tabela.

Flecha máxima final:

$$f(g+q)^{(\infty)} = fg^{(\infty)} + fq$$

considerando como limite o valor $f(g+q)^{(\infty)} \leq \frac{L_x}{300}$.

Para encontrar o módulo de elasticidade do concreto (Ec) aplica-se:

$$Ec = 21.000 * \sqrt{fck + 35} * 90\ \%$$

Para $fck = 150\ \text{kg/cm}^2$,

$$Ec = 18.900 * \sqrt{150 + 35}$$

$$Ec = 2{,}57 \times 10^5\ \text{kg/cm}^2$$

Tabela 7.1 Valores de λ e de k

	λ	k		λ	k		λ	k
Caso 1	3,00	0,145	Caso 2	3,00	0,060	Caso 3	3,00	0,060
	2,50	0,137		2,50	0,059		2,50	0,058
	2,00	0,123		2,00	0,056		2,00	0,054
	1,90	0,118		1,90	0,055		1,90	0,053
	1,80	0,113		1,80	0,054		1,80	0,052
	1,70	0,107		1,70	0,053		1,70	0,050
L_y 1	1,60	0,101	L_y 2	1,60	0,052	L_y 3	1,60	0,048
	1,50	0,093		1,50	0,050		1,50	0,046
	1,40	0,085		1,40	0,048		1,40	0,043
L_x	1,30	0,076	L_x	1,30	0,045	L_x	1,30	0,040
	1,20	0,066		1,20	0,042		1,20	0,036
$\lambda = \frac{L_y}{L_x}$	1,10	0,057	$\lambda = \frac{L_y}{L_x}$	1,10	0,038	$\lambda = \frac{L_y}{L_x}$	1,10	0,031
	1,00	0,047		1,00	0,033		1,00	0,025
				0,90	0,029			
				0,80	0,023			
				0,70	0,017			
				0,60	0,012			
				0,50	0,007			
Caso 4	3,00	0,032	Caso 5	3,00	0,030	Caso 6	3,00	0,030
	2,50	0,032		2,50	0,029		2,50	0,030
	2,00	0,031		2,00	0,029		2,00	0,029
	1,90	0,030		1,90	0,028		1,90	0,028
	1,80	0,030		1,80	0,028		1,80	0,028
	1,70	0,030		1,70	0,027		1,70	0,027
L_y 4	1,60	0,029	L_y 5	1,60	0,027	L_y 6	1,60	0,026
	1,50	0,029		1,50	0,026		1,50	0,025
	1,40	0,028		1,40	0,025		1,40	0,024
L_x	1,30	0,027	L_x	1,30	0,024	L_x	1,30	0,022
	1,20	0,026		1,20	0,022		1,20	0,020
$\lambda = \frac{L_y}{L_x}$	1,10	0,025	$\lambda = \frac{L_y}{L_x}$	1,10	0,020	$\lambda = \frac{L_y}{L_x}$	1,10	0,018
	1,00	0,023		1,00	0,018		1,00	0,015
				0,90	0,015			
				0,80	0,012			
				0,70	0,009			
				0,60	0,006			
				0,50	0,003			

7.5 DISPOSIÇÃO DA FERRAGEM NA LAJE

O diâmetro das barras não deve ser maior que 1/10 da espessura da laje. Para a ferragem, empregar os ferros CA-60B (3,4 – 4,2 – 4,6 – 5,0 mm) e CA-50A (1/4" – 5/16" – 3/8"). Para ferros positivos, usar ferro fino com espaçamento entre 7 e 13 cm, próximos de 10 cm. Para ferros negativos, usar espaçamento entre 15 e 25 cm.

7.6 ESPAÇAMENTO MÁXIMO DA FERRAGEM

Para o espaçamento máximo da armadura principal:

20 cm na direção do maior momento da laje em cruz.

33 cm na direção do menor momento da laje em cruz.

20 cm ou 2h (o menor) para laje armada em uma direção.

1/5 de *As* principal ou 0,9 cm² por metro com o mínimo de 3 ferros para armadura de distribuição em laje armada em uma direção.

No caso de a laje fazer parte da viga T, deve haver armadura perpendicular à nervura, no apoio (ferros negativos), com seção transversal de no mínimo 1,5 cm² por metro linear se estendendo por toda a largura da mesa.

7.7 COMPRIMENTO DOS FERROS NAS LAJES

Sendo *L* o vão na direção considerada:

Para vãos isolados aplica-se 0,85 *L*;

Para vãos extremos aplica-se 0,75 *L*;

Para vãos centrais aplica-se 0,70 *L*.

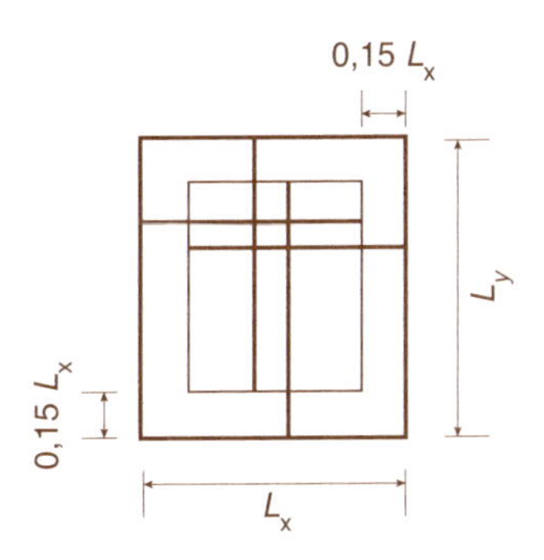

Figura 7.11 Ferragens positivas na laje.

O comprimento dos ferros alternados será igual ao vão teórico menos o indicado na Figura 7.11. Os ferros alternados terão a mesma numeração, e o espaçamento é o indicado no cálculo. No caso dos vãos extremos, consideramos interessante usar somente o ferro grande, na direção do engastamento.

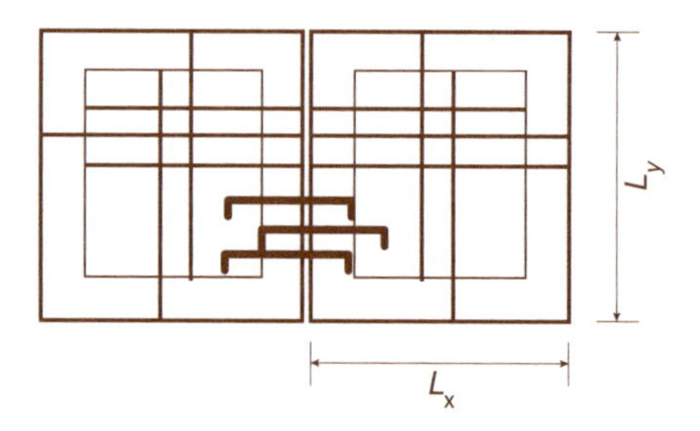

Figura 7.12 Ferragens negativas sobre o apoio da laje.

Lm é a média dos vãos menores das lajes vizinhas.

Quando for menor que 80 % do maior dentre os menores vãos das lajes vizinhas, substituímos *Lm* por esse valor. O comprimento mínimo do ferro deve ser de 65 cm + b0, em que b0 é a largura do apoio, não devendo ser usado ferro menor que 75 cm.

Os ferros CA-60 aplicados nas lajes dispensam o uso de gancho.

7.8 FISSURAS DE CANTO NAS LAJES APOIADAS

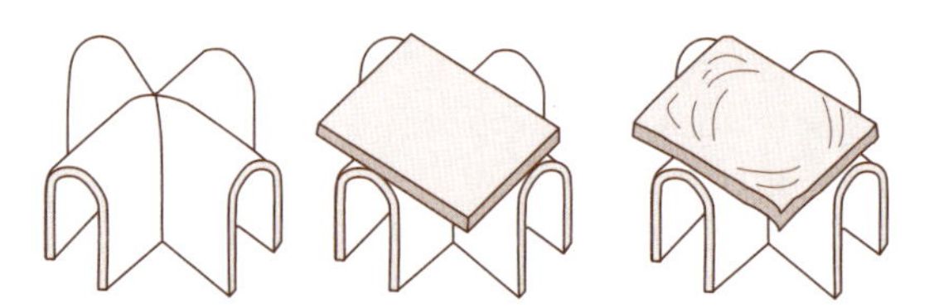

Figura 7.13 Momento volvente.

Nos cantos das lajes com bordas apoiadas surgem momentos fletores negativos, que causam tração no lado superior da laje. A explicação para o fato é de fácil entendimento, e para isso usaremos um exemplo adotando um material comparável ao da laje.

Imaginemos uma abóbada com arcos em cruz. Sobre ela colocamos uma placa de material elástico. Como a placa tem suas pontas sem apoio, elas se encurvam, gerando um esforço de tração na face superior. Os momentos nos cantos são chamados momentos volventes ou momentos de torção.

Para prevenir os efeitos dos momentos volventes, devem ser dispostas armaduras que evitam o surgimento de fissuras no canto da laje, que, embora não impliquem risco de colapso, apresentam um aspecto psicológico negativo.

7.9 FERRAGEM NA LAJE LIVREMENTE APOIADA

No canto em que se encontram dois lados simplesmente apoiados deve-se usar *Ly* > *Lx*. Adicionar duas armaduras, uma em cima e outra embaixo, com seção igual a *Sfx* (seção de ferro) para armadura do centro da laje na direção maior armada. A armadura de cima deve ser paralela à diagonal.

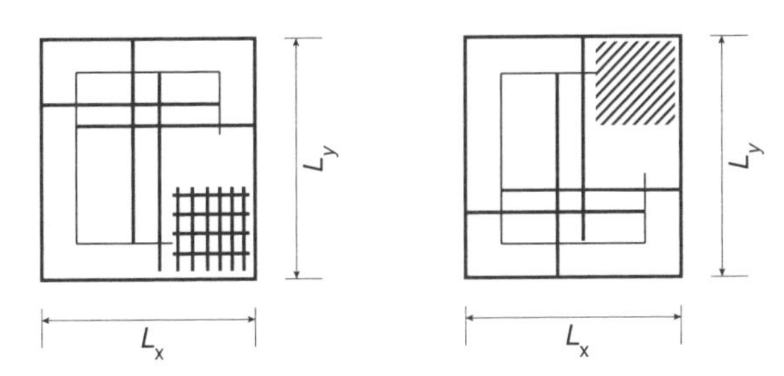

Figura 7.14 Ferragem dos cantos da laje.

CAPÍTULO 8

O CONCRETO PARA AS LAJES

8.1 ESTUDO DO CIMENTO

O cimento é o componente básico do concreto, e torna-se necessário o seu estudo, uma vez que é ele que define as características de resistência do concreto aplicado às lajes, já que os outros materiais são considerados agregados inertes.

No Anexo deste volume encontraremos informações mais detalhadas acerca da química e da fabricação do cimento.

8.1.1 Características do Cimento

Trata-se de um aglomerante obtido pela pulverização do clínquer resultante da calcinação até a fusão incipiente de uma mistura íntima e convenientemente proporcionada de materiais calcários e argilosos com adição de gesso. O gesso é misturado ao clínquer na saída do forno, com a finalidade de regularizar o tempo de "pega".

8.1.2 Teoria do Endurecimento

O cimento é anidro, porém, quando posto em contato com a água, tem início a hidratação dos compostos, formando uma solução supersaturada instável com a precipitação de excessos insolúveis.

A consolidação da pasta pode ser separada em duas fases:

1º) do início ao fim da pega;

2º) endurecimento da massa.

Na primeira fase, a pasta resultante da adição de água no cimento, a princípio plástica, perde sua plasticidade e se torna mais ou menos friável. Na segunda fase, a consolidação prossegue, a dureza aumenta e a massa adquire condições de resistência e certa impermeabilidade. A pega e o endurecimento do cimento encontram explicação em teorias baseadas no estado coloidal e nas reações dos componentes do cimento ao se hidratarem.

Os coloides são substâncias num estado particular de subdivisão com dimensões compreendidas entre o tamanho molecular e o visível no microscópio. Essas partículas extremamente pequenas, portanto com uma superfície específica extraordinariamente grande, permanecem em suspensão no líquido durante um tempo limitado, e, ao contrário das soluções químicas, são retidas por membrana quando submetidas à filtração.

Se essas partículas se conservam juntas por meio de alguma força mecânica, o sistema é chamado "gel". Assim, o "gel" é uma massa compacta formada por partículas coloidais.

O endurecimento hidráulico se baseia na formação de um coloide mineral. No interior de um sólido existe uma atração recíproca de moléculas, ao passo que na superfície a força de atração não é neutralizada e tende a atrair outras substâncias. A grande superfície específica da substância coloidal, quando no interior de um líquido, exerce correspondentemente grande atração sobre as moléculas do líquido, que são atraídas e absorvidas, perdendo sua mobilidade e tendência a uma rigidez.

8.1.3 Processo de Endurecimento

A pasta pura de cimento Portland é obtida com a adição de água no cimento, na presença do ar. A água ocupa os espaços vazios entre os grãos do cimento, enquanto o ar fica contido em bolhas esféricas de diâmetro milimétrico. O cimento e a água formam um sistema sólido-líquido, o qual é instável.

O sólido é composto esquematicamente de três tipos de grãos. Os grãos maiores possuem contorno irregular e são policristalinos. Os médios são poli ou monocristalinos. Os mais finos são monocristalinos e responsáveis pela formação do gel do cimento.

Ao misturar o cimento com a água inicia-se a reação química. Os grãos de clínquer são envolvidos pelo gel que forma o filtro coloidal. Depois de 24 horas da formação da pasta, os espaços capilares se mostram consideravelmente cheios de partículas de cal, e com a idade de 28 dias o gel toma completamente o espaço capilar de forma densa, formando uma ligação entre os grãos, unindo-os em sua superfície de contato. O gel de sílica formado durante a hidratação é um gel rígido irreversível e uma vez formado não dilui em excesso de água.

O endurecimento se dá inicialmente pela expulsão da água por "sinérese" com a contração do gel até o ponto de opacidade, quando cessa o processo de retração e o gel toma a forma final estável, com o aspecto de massa dura vítrea, num processo irreversível. Com o tempo, as partículas coloidais crescem e tendem para a formação de cristais.

Verifica-se dessa forma que a exatidão no cálculo estrutural vai além dos resultados dos valores matemáticos. A interpretação desses resultados e as previsões de consequências fazem parte do cabedal de conhecimentos que deve ter um engenheiro que se intitula calculista de estruturas.

Outro fator de importância é o referente à qualidade do concreto, a dosagem do cimento e o fator água/cimento. E ainda: o lançamento na forma e as condições de cura também podem interferir no comportamento da estrutura e devem estar presentes por ocasião do cálculo.

Quando se trata de buscar o equilíbrio da estrutura, os cálculos matemáticos podem ser exatos, mas na maioria das vezes carecem de precisão. Os valores considerados para o carregamento da obra dificilmente são precisos quando comparados aos valores reais, de extrema dificuldade para seu levantamento sem erro.

8.2 CONTROLE DO CONCRETO

De nada adianta o correto dimensionamento dos traços do concreto para a obtenção de um grau de resistência necessário à segurança da obra se a sua execução não for adequadamente implementada, de modo a ficar conforme os cálculos desenvolvidos.

8.2.1 Resistência Característica

Resistência característica de um material é a resistência que se espera que um material apresente quando submetido a um carregamento pré-estimado. A filosofia do dimensionamento na ruptura está em provar que a totalidade das cargas aplicadas na peça em serviço é inferior à carga capaz de romper ou inutilizar a peça, porque sua integridade está resguardada por um coeficiente que lhe garante não chegar à ruptura ou deformação irreversível.

Estando satisfeita essa condição de equilíbrio estático, devemos, ainda, verificar se não ocorrerão deformações exageradas que propiciem o aparecimento de fissuras significativas que possam colocar a peça fora das condições de uso por desequilíbrio elástico.

8.2.2 Valor Característico

O objetivo do cálculo estrutural é manter abaixo de um valor preestabelecido a probabilidade do aparecimento de um estado-limite, ao mesmo tempo em que busca um custo mínimo para a estrutura.

O cálculo de uma estrutura no estado-limite último é feito adotando-se valores característicos alterados por coeficientes de segurança. Para isso, é importante entender o que é valor característico.

8.2.3 Valor Característico das Solicitações

É o valor efetivo dos esforços solicitantes provocados pelas cargas que atuam na estrutura.

8.2.4 Valor Característico dos Materiais

É o valor obtido estatisticamente, que apresenta uma probabilidade prefixada de não ser ultrapassada no sentido desfavorável. O dimensionamento no estado-limite último se resume em determinar o valor máximo convencional da solicitação que pode ser resistida por uma seção da peça. Trata-se de determinar a solicitação que provoca o colapso da seção e dimensioná-la dentro das condições de segurança, usando valores característicos alterados por coeficientes de majoração para os esforços solicitantes e de minoração para a resistência dos materiais. Os valores considerados nos cálculos para dimensionamento de uma estruturação são denominados valores de cálculo (valores de projeto).

8.2.5 Valor Característico do Concreto *fck*

Já vimos que o valor característico das solicitações é o valor efetivo obtido pela previsão das cargas que atuarão na estrutura. Vamos ver agora o valor característico dos materiais, começando pelo concreto. Segundo a norma técnica, na simbologia, identificamos a resistência de um determinado material com a letra "f". "fc" significa resistência à compressão do concreto. "fcj" indica a resistência média do concreto à compressão, prevista para a idade de "j" dias. "fck" é a resistência característica do concreto à compressão.

O valor da resistência característica do concreto à compressão (*fck*) se refere ao valor obtido por meio de ensaios dos corpos de prova moldados durante a concretagem. Após 28 dias da sua moldagem, são colocados na máquina de ensaio e prensados até se romperem.

Você deve estar curioso para saber por que o ensaio é feito aos 28 dias. A escolha da idade de 28 dias para a medição do corpo de prova é feita imaginando-se que a parte significativa da totalidade da carga vá ser imposta à estrutura nesse tempo. E esse é o tempo permitido, em condições usuais, para a retirada do escoramento.

Considera-se resistência característica de um lote de concreto ensaiado (*fck*) a resistência abaixo da qual a probabilidade de ela ocorrer é de apenas 5 % dos resultados obtidos, ou seja, a ocorrência dos valores acima da resistência característica é quase total (95 %), o que garante sua qualidade.

Aos 28 dias, os corpos de prova são rompidos, e os resultados são marcados num gráfico cartesiano em cuja ordenada é representada a frequência dos resultados e na abscissa é representada a resistência da amostra.

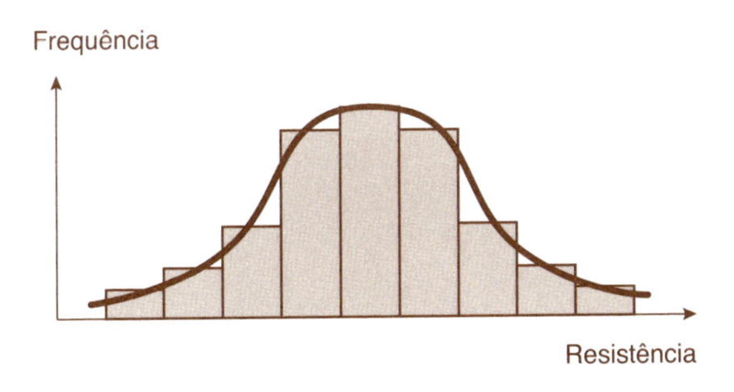

Figura 8.1 Curva de Gauss.

Observe que pelo formato da curva o número de amostras que apresentam uma resistência maior que a média é relativamente pequeno e tem uma frequência baixa. O mesmo acontece com relação aos corpos de prova de menor resistência.

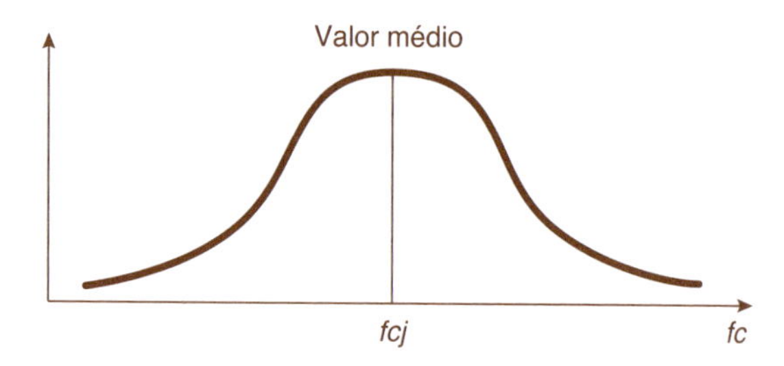

Figura 8.2 Valor médio.

Sendo *fc*28 o valor da resistência média do concreto à compressão na idade de 28 dias, a resistência característica (*fck*) será obtida pela expressão:

$$fck = fc28 - 1{,}65s$$

em que:
s é o desvio-padrão, que poderá ser maior ou menor, variando em função do controle na execução do concreto; 1,65 é um coeficiente que impõe a condição de que apenas 5 % da área total limitada pela curva esteja abaixo de um determinado valor da abscissa.

Esse valor da abscissa é que demarca o *fck* de um lote ensaiado com a idade de 28 dias e que apresenta uma resistência média igual a *fc*28.

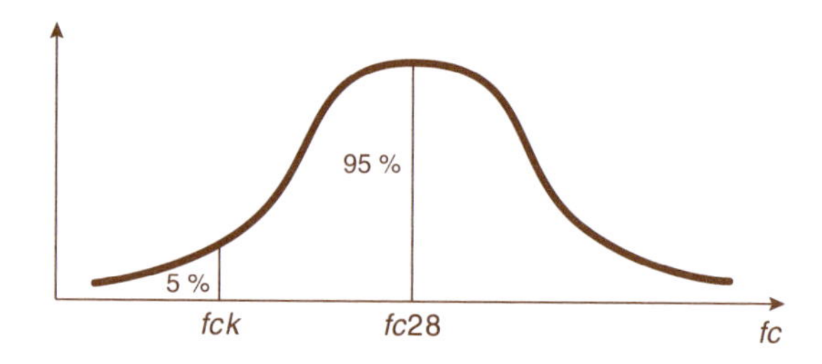

Figura 8.3 Curva da resistência média.

Estabelecido o valor característico do concreto, é fixado o valor de cálculo para o dimensionamento da estrutura.

8.3 VALOR DE CÁLCULO *fcd*

Apesar dos cuidados na confecção do concreto para obtenção do *fck* correto, existem fatores imponderáveis que possibilitam desvios desfavoráveis da resistência do concreto lançado na estrutura, em relação ao valor característico obtido com corpos de prova.

Em decorrência desse fato, os valores a serem adotados para o cálculo no estado limite são os valores característicos divididos pelo coeficiente de minoração γc.

$$fcd = \frac{fck}{\gamma c},$$

em que:
γc = 1,4 no caso geral.

No cálculo de peças em que haja a possiblidade de condições desfavoráveis, o valor de γc deve ser elevado para 1,5. Quando se tratar de peças pré-moldadas em usina, em que as exigências de execução são bastante elevadas, o valor de γc pode ser reduzido para 1,3.

Todo concreto com função estrutural deve ser controlado por meio de ensaios de rompimento de corpos de prova para verificação de sua resistência. Quando o engenheiro calculista estabelece um *fck* para a estrutura, ele quer dizer que nenhuma parte do concreto empregado na obra deve apresentar a probabilidade de se romper com uma tensão inferior à resistência característica indicada.

Segundo a finalidade, os ensaios são classificados nos seguintes grupos:

a) **Ensaios Prévios:** o objetivo é determinar a dosagem dos materiais a serem empregados na confecção do concreto dentro das condições de execução da obra.
b) **Ensaios de Resistência:** estabelecida a dosagem, e feitas as correções com base nos resultados obtidos nos ensaios prévios, antes de se iniciar a concretagem da estrutura, deve ser feito novo ensaio para determinar a resistência e a dispersão dos valores do concreto a ser preparado no canteiro. Assim se torna possível verificar se os parâmetros estão dentro dos limites requeridos para a obra.
c) **Ensaios de Controle:** realizados no decorrer da obra para comprovar se as condições de resistência do concreto se mantêm iguais ou superiores às exigidas no projeto.

O controle do concreto é feito dividindo-se a estrutura em lotes. Cada lote é representado por uma amostra composta de um número de exemplares formados por pelo menos dois corpos de prova que devem ser rompidos à compressão após um determinado número de dias em seguida à moldagem, normalmente 28 dias. Cada lote deve ter no máximo:

- volume de concreto: 100 m^3
- área de construção: 500 m^2
- número de andares: 1 andar

Para 1 lote deve haver no mínimo 6 exemplares. Cada exemplar deve ter no mínimo 2 corpos de prova. Toma-se como resistência do exemplar o maior dos dois valores obtidos no ensaio. No caso de concreto usinado, a amostra deverá conter pelo menos 1 exemplar de cada caminhão betoneira recebido na obra.

8.4 AMOSTRAGEM

A produção do concreto é dividida em lotes definidos pelos locais de aplicação na estrutura.

Amostra: a amostra que representa o lote deve se constituir de no mínimo seis exemplares, todos coletados aleatoriamente durante a produção do concreto do lote.

Exemplares: cada exemplar é constituído de no mínimo dois corpos de prova irmãos.

Resultados: adota-se como resultado do exemplar no ensaio à compressão o maior resultado obtido dentre os corpos de prova irmãos que o compõem.

Com o intuito de eliminar o grande número de cálculos na determinação do fck_{est} na parte referente ao controle da resistência do concreto, indica-se o procedimento apresentado a seguir:

Determina-se o fck_{est} como a diferença entre o dobro dos $n/2$ ou $(n - 1)/2$ se n for ímpar, resultados mais baixos da série e o valor que ocupa a posição central dos valores da série disposta em ordem crescente.

A Resistência Característica Estimada fck_{est} é calculada da seguinte forma:

1) Os resultados dos exemplares são ordenados de forma crescente:

$$f_1, f_2, f_3, \ldots f_m, \ldots f_n$$

sendo m a metade de

$$n\left(m = \frac{n}{2}\right)$$

se n for par, ou

$$m = \frac{n-1}{2}$$

se n for ímpar.

2) O valor da resistência característica estimada é dado por:

$$fck_{est} = 2 \times \frac{f_1 + f_2 + \ldots + f_m - 1}{m-1} - f_m$$

8.5 EXEMPLO PRÁTICO

Escolha do traço inicial

O concreto é um produto composto de vários materiais (cimento, areia, pedra), e na sua elaboração existem fatores variáveis que fazem oscilar a resistência em cada parte da obra. Por isso, há uma variabilidade na resistência, que será tanto menor quanto melhor for o concreto.

Em virtude dessa variabilidade, para que não haja a probabilidade de termos em algum ponto uma resistência menor que o *fck*, o traço é escolhido de modo a abranger essa possibilidade, com a estimativa de um valor estatisticamente superior. O *fck* de projeto é de 20 MPa (200 kgf/cm^2). Para a moldagem dos corpos de prova experimentais, na dosagem inicial foi usado um traço 1:2:2 ½ com *fc*28 provável de 298 kgf/cm^2.

8.5.1 Cálculo do *fc*28 Provável

$$fc28 \text{ provável} = fck + 1{,}65Sd$$

Considerando obra com qualidade de execução normal, o desvio-padrão de dosagem será um Sd = 55 kgf/cm^2.

$$fc28 \text{ provável} = 200 + 1{,}65 \times 55 = 290{,}75 \text{ kgf/cm}^2 \text{ (29 MPa)}$$

Deve ser escolhido um *fc*28 igual ou maior que 290,75 kgf/cm^2. Como foi escolhido um traço com *fc*28 provável = 298 kgf/cm^2, a escolha foi adequada.

8.5.2 Cálculo Estatístico do *fck*

Vinte e oito dias depois, temos o resultado dos ensaios.

Tabela 8.1 Resultado dos ensaios

Nº DO EXEMPLAR	RESISTÊNCIA À COMPRESSÃO 28 DIAS *fci* (MPa)
01	25,5
02	26,2
03	28,0
04	26,0
05	26,7
06	26,9
07	27,0
08	25,7

8.5.3 Verificação do fck

$$fck_{est} = fcm(1 - \delta a)$$

8.5.4 Média Aritmética da Resistência à Compressão

A média aritmética de vários resultados de rompimento das amostras é obtida somando-se todos os resultados e dividindo-se pela quantidade de resultados.

$$25,5 + 26,2 + 28,0 + 26,0 + 26,7 + 26,9 + 27,0 + 25,7 = 212,0$$

$$fcm = \frac{212,0}{8} = 26,5$$

A dúvida que surge é a seguinte: No rompimento dos corpos de prova, que valor deve ser atingido?

fcd é o valor da resistência de cálculo empregada no dimensionamento da estrutura pelo engenheiro calculista.

*fc*28 é o valor da resistência de dosagem, e serve de base para a escolha do traço.

fck é o valor da resistência característica que o concreto deve apresentar, portanto, é o que nos interessa conhecer.

Devemos distinguir três conceitos de resistência característica:

1) Nominal (*fck*): resistência característica de projeto escolhido em função das necessidades do dimensionamento.
2) Real (*fck* real): resistência característica real da estrutura praticamente impossível de ser conhecida, pois seria necessário conhecer a resistência em cada ponto e em todos os pontos da estrutura.
3) Estimada (fck_{est}): resistência característica obtida pelo ensaio de corpos de prova e que é único valor palpável do qual lançamos mão para estimar, já que se trata de uma amostragem e é o valor do *fck* mais próximo da resistência característica da estrutura.

O fck_{est} é uma representação estatística obtida por meio de um critério probabilístico. A média aritmética dos valores correspondentes ao rompimento dos corpos de prova, denominada resistência média, não reflete a qualidade do concreto, por não levar em conta a dispersão dos resultados.

Vamos ver por que é importante considerar a dispersão dos resultados dos ensaios. Podemos definir a dispersão como o inverso da concentração dos resultados. Quanto mais irregular for um determinado material, maior será a dispersão dos resultados dos ensaios feitos nesse material.

Na elaboração do concreto e seu lançamento na estrutura existem fatores variáveis que fazem oscilar a resistência em cada parte da estrutura. É indispensável que os corpos de prova sejam, o mais possível, representativos das características do concreto da estrutura. Diferentes fatores fazem com que haja uma variabilidade nos resultados dos ensaios, que será tanto menor quanto melhor for o concreto. A isso chamamos dispersão.

Em estatística, a dispersão é dada pelas diferenças entre os valores individuais dos resultados e o valor da média aritmética. Quanto maiores forem essas diferenças ou desvios da média, maior será a dispersão.

O objetivo dos ensaios dos corpos de prova é a verificação do fck_{est} que seja representativo das condições de resistência da obra como um todo, a partir de certo número de amostras. Isso é conseguido com o tratamento estatístico dos resultados pela seguinte equação:

$$fck_{est} = fcm(1 - \delta a)$$

em que:
fcm é a resistência média (aritmética) do conjunto.
δ é o coeficiente de variação.
a é o coeficiente de probabilidade.

Para obtenção do coeficiente de variação δ, são necessários os seguintes elementos:
s – desvio-padrão
v – variância
d – dispersão

$$v = \frac{1}{n}\sum_{1}^{n}(fcm - fci)^2$$

Sendo:

$$d = (fcm - fci)$$

$$v = \frac{1}{n}\sum_{1}^{n} d^2$$

em que:
n é o número de resultados considerados na média.
fci é a resistência individual de cada elemento do conjunto.
Coeficiente de variação:

$$fcm = \frac{1}{n}\sum_{1}^{n} fci$$

$$s = \sqrt{v}$$

$$\delta = \frac{s}{fcm}$$

α é um coeficiente que depende da probabilidade preestabelecida de se obterem resultados de ensaios com resistência inferior a *fck*. Esse coeficiente é obtido na curva de Gauss, e para a probabilidade de 5 % o valor é:

$$s = 1{,}645$$

Os ensaios dos corpos de prova são feitos com rompimento por meio da aplicação de carga de curta duração.

Na realidade, uma parcela do carregamento dos elementos estruturais, tais como o peso próprio e os elementos fixos, são carregamentos de longa duração. A resistência à compressão do concreto, para cargas de longa duração é inferior àquele referente ao carregamento rápido.

A redução da resistência do concreto devido às cargas de longa duração em relação às cargas rápidas é da ordem de 15 %, razão pela qual devemos multiplicar por 0,85 % a resistência característica do concreto obtida nos ensaios de curta duração.

Não se tomará para fck_{est} um valor maior que:

$$fck_{est_1} \leq 0{,}85\,\frac{f_1 + f_2 + \cdots + f_n}{n}$$

Não se tomará para fck_{est} um valor menor que:

$$fck_{est2} \geq \psi 6\, f_1$$

em que f_1 é o menor valor de *fci*.

Tabela 8.2 Valores de ψ_6 em função de n

N	6	7	8	10	12	14	16	18
ψ_6	0,89	0,91	0,93	0,96	0,98	1,00	1,02	1,04

Quando $fck_{est}{}^2 > fck_{est}{}^1$, prevalece o valor de $fck_{est}{}^1$.

A média aritmética, por si mesma, não pode destacar o grau de homogeneidade entre os valores que compõem o conjunto de amostras. Um conjunto com grande dispersão de resultados pode ter a média igual à de outro conjunto com pequena diversificação de valores.

A diferença entre o maior e o menor valor obtido nos ensaios com os corpos de prova, ou seja, a amplitude dos resultados, é significativa na análise da qualidade do concreto. Quanto mais homogêneo for o concreto, menor será a amplitude.

8.5.5 Dispersão

Em estatística, a dispersão é dada pelas diferenças entre os valores individuais e o valor da média aritmética. Quanto maiores forem essas diferenças ou desvios da média, maior será a dispersão.

$$d = (fcm - fci)$$

8.5.6 Valores Tabulados

Tabela 8.3 Valores tabulados

CP	fcm	fci	d	d²
1	26,5	25,5	1,0	1,0
2	26,5	26,2	0,3	0,09
3	26 ,5	28,0	-1,5	2,25
4	26,5	26,0	0,5	0,25
5	26,5	26,7	-0,2	0,04
6	26,5	26,9	-0,4	0,16
7	26,5	27,0	-0,5	0,25
8	26,5	25,7	0,8	0,64
			Σ	4,68

8.5.7 Variância

$$v = \frac{1}{n}\sum_{1}^{n} d^2 \rightarrow v = \frac{4{,}68}{8} \rightarrow v = 0{,}585$$

8.5.8 Desvio-Padrão

$$s = \sqrt{v} \rightarrow s = \sqrt{0{,}585} \rightarrow s = 0{,}765$$

8.5.9 Coeficiente de Variação

$$\delta = \frac{s}{fcm} \rightarrow \delta = \frac{0{,}765}{26{,}5} \rightarrow \delta = 0{,}0288$$

Para $\delta = 0{,}0288$ e $\alpha = 1{,}645$ tem-se:

$$fck_{est} = fcm(1 - \delta\alpha)$$

$$fck_{est} = 26{,}5 \times [1 - (0{,}0288 \times 1{,}645)]$$

$$fck_{est} = 25{,}24 \text{ MPa}$$

8.6 MÉTODO ALTERNATIVO

O método estatístico que acabamos de apresentar é muito trabalhoso, por isso apresentamos um método alternativo mais simples. Em primeiro lugar, devemos ordenar os resultados dos exemplares:

Tabela 8.4 Resultados ordenados

Fci	f_1	f_2	f_3	f_4	f_5	f_6	f_7	f_8
VALOR	25,5	25,7	26,0	26,2	26,7	26,9	27,0	28,0

Observe que a ordem é crescente:

$$fck_{est} = 2 \times \frac{f_1 + f_2 + \cdots + fm - 1}{m - 1} - fm$$

Nesse caso, $n = 8$ (n é par).

Logo:

$m = \frac{n}{2}$, ou seja, $m = 4$.

fm é o f_4 e seu valor é 26,2.

O termo $fm - 1$ é o f_3, e seu valor é 26,0.

Substituindo os valores na equação, teremos:

$$fck_{est} = 2 \times \frac{25{,}5 + 25{,}7 + 26{,}0}{4 - 1} - 26{,}2$$

$$fck_{est} = 25{,}6 \text{ MPa}$$

CAPÍTULO 9

AS LAJES E SUAS FINALIDADES

9.1 LAJE DE TETO E DE PISO

Numa concepção estrutural, uma unidade habitacional nada mais é do que um cubo no espaço, dotado de uma cobertura, fixado no solo por meio de uma fundação. Como sabemos, o cubo tem 6 faces.

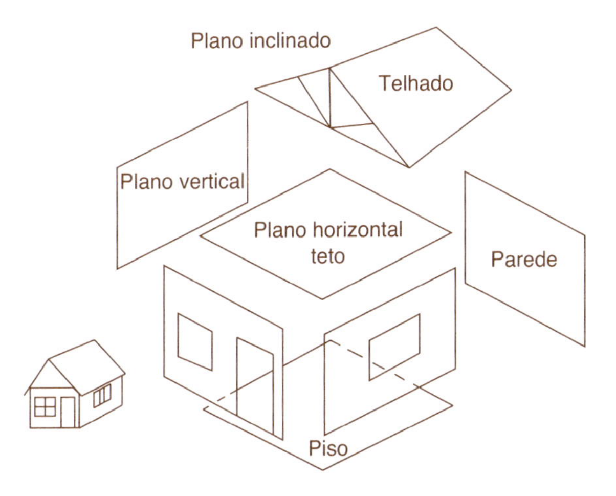

Figura 9.1 Representação das lajes nos planos do cubo.

Até pouco tempo atrás, antes do uso generalizado do concreto, os tetos das residências eram feitos de madeira. Outro tipo de forração que foi muito usado era o de estuque, um tipo de forro com madeiramento de sarrafos colocados nas duas direções formando quadriculados onde era fixada uma tela de arame para segurar o enchimento com argamassa mista de cal, cimento e areia.

O teto maciço de concreto com armadura, sob o ponto de vista de economia, era o de maior custo, e também o estruturalmente mais adequado.

Na busca da economia e para aliviar o peso, eram usadas vigas de concreto em forma de T colocadas uma ao lado da outra. Para evitar o uso de muita madeira e mão de obra de carpinteiro na confecção das fôrmas, criou-se um tipo misto com enchimento de tijolo de cerâmica entre as vigas T armadas, as quais sustentavam a laje. Esse deve ter sido o princípio que inspirou a laje pré-fabricada com enchimento de cerâmica leve. Posteriormente passou-se a usar também o isopor no lugar da cerâmica.

Quando as lajes assumiram a dupla função de forro e piso, destinado a suportar maiores esforços com vãos de maior metragem, a preocupação foi a de manter a altura da laje dentro de um limite tal que seu peso próprio não onerasse demasiado o custo da laje.

9.2 LOCALIZAÇÃO DA LAJE

O cálculo de uma laje deve ser feito em função da sua localização, da sua posição e da sua finalidade. Entende-se aqui que na finalidade estão incluídos o tipo de carga, a distribuição do carregamento, o peso da carga e demais informações que se façam necessárias para se obter tecnicamente uma laje adequada. Em função de sua localização, a laje pode estar:

a) Na cobertura
b) Entre pavimentos
c) No térreo
d) No subsolo (quando houver)

A laje de cobertura pode ter, ou não, um telhado sobre ela. No caso de não existir telhado, a laje recebe um tratamento impermeabilizante, o qual também é aplicado para controle da dilatação.

Em relação à posição, a laje pode ser:

a) horizontal, como nas lajes entre pavimentos (piso e teto)
b) inclinada (rampas e telhados)
c) vertical (muros de arrimo e paredes do subsolo)

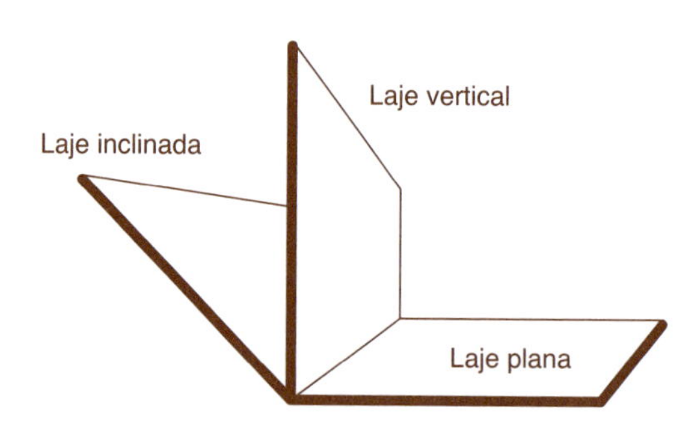

Figura 9.2 Representação dos planos das lajes.

Para cada uma dessas posições há um tipo de cálculo.

A laje entre pavimentos recebe na face superior a carga como laje de piso e por baixo recebe o tratamento como laje de forro. A laje entre pavimentos pode ser convencional ou pré-fabricada. A escolha depende mais da parte econômica do que da área técnica. A comparação entre uma e outra nos mostra que a laje convencional requer um gasto maior com as fôrmas. Observe que a laje maciça requer um tablado de madeira formando um "tabuleiro" para receber o concreto em massa.

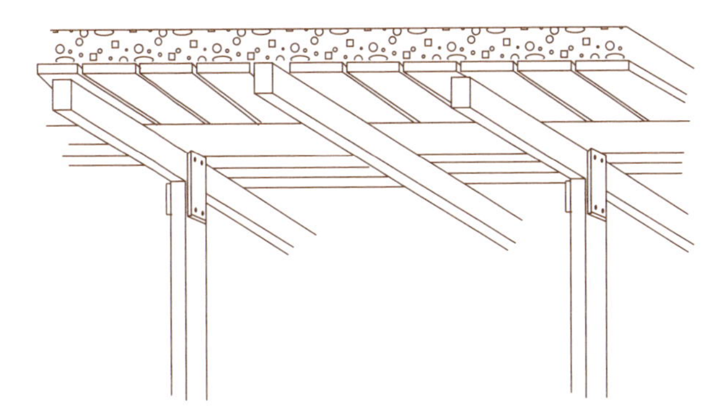

Figura 9.3 Laje maciça convencional.

No caso da laje pré-fabricada, basta um apoio intermediário que impeça a formação de uma flecha nas vigotas.

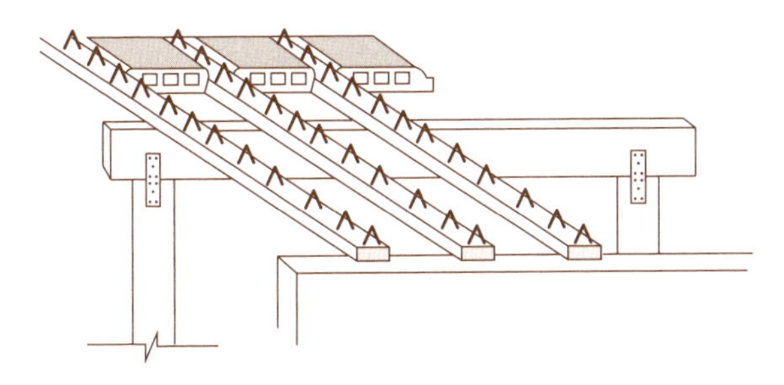

Figura 9.4 Laje pré-fabricada.

Desenvolvendo-se um estudo comparativo de preço entre os tipos de laje apresentados nas figuras, considerando uma mesma carga, podemos fazer uma comparação de preço entre elas observando para tanto os custos dos materiais empregados, as técnicas de fabricação e o valor da mão de obra que executará a montagem das respectivas lajes.

Para o cálculo da laje maciça devemos considerar o seguinte material:

Fôrma – para 1 m³ de concreto .... 12 m² de tábuas.
Pontaletes – com pé-direito de 3,00 m .... 3 vezes a área da laje.
Ferragem – para 1 m³ de concreto .... 70 a 90 kg.

Arame recozido .... 1 kg por 100 kg de ferro.
Pedra britada, areia e cimento .... depende do traço.
E para a laje pré-fabricada:
Base da área concretada .... 1 m².
Laje pré-fabricada .... 1 m².
Concreto .... 0,046 m³/m².
Aço .... 1,2 m³/m².
Escoramento .... 0,25 vez da área total.
Montagem .... 1,00 m².

9.3 LAJE VERTICAL EM BALANÇO

Encontramos um exemplo de laje vertical nas paredes de contenção. O esforço que o terreno exerce sobre o muro é proveniente do peso de um prisma de terra que se decompõe em duas forças: uma força *E* que atua sobre o muro e outra *Q* que age sobre o terreno.

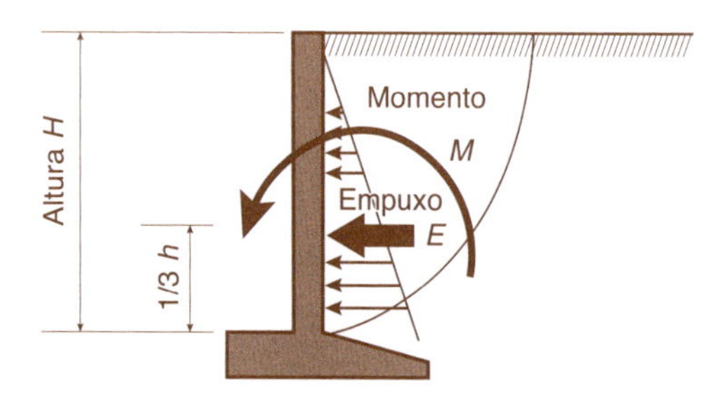

Figura 9.5 Empuxo e momento de tombamento em laje vertical.

A força E recebe a denominação de Empuxo, que tenderá a fazer o muro tombar, gerando um Momento *M* que é conhecido como Momento de Tombamento.

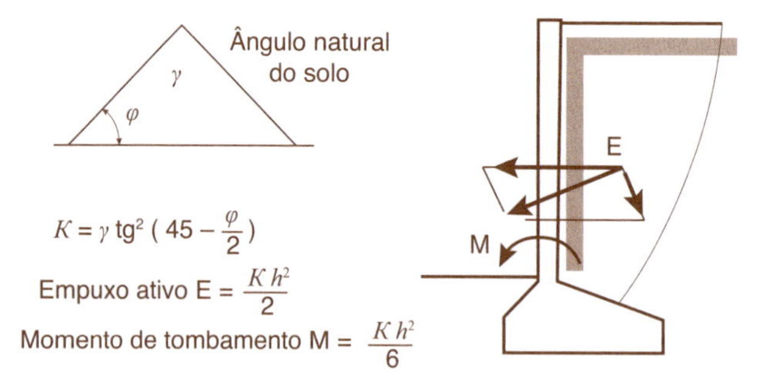

Figura 9.6 Fórmulas para determinação do empuxo e momento de tombamento.

O valor do Empuxo e do Momento de Tombamento depende da altura do muro e do ângulo natural do solo a ser contido. As tabelas de cálculos são importantes ferramentas de trabalho que foram criadas para facilitar a vida do engenheiro. As próximas páginas apresentam as tabelas de cálculo de Empuxo e Tombamento para diversos tipos de solos cujos valores de E e de M devem ser considerados conforme o solo a ser contido. As tabelas apresentam valores referentes aos tipos de solo mais comumente encontrados na natureza, economizando o trabalho de cálculo.

9.4 IDENTIFICAÇÃO DE SOLO

9.4.1 Tipo de Solo: Areia Seca

CARACTERIZAÇÃO:

Solo formado por pequenos grãos que não apresentam coesão.

MODO DE IDENTIFICAÇÃO:

A areia seca apresenta a característica essencial de escorrer por entre os dedos levemente abertos. Apenas certas árvores podem sobreviver no solo classificado como areia seca porque suas raízes atingem camadas mais profundas do solo para onde a água se escoa.

PESO ESPECÍFICO: 1,6 t/m³

ÂNGULO NATURAL: de 34° a 37°

ÂNGULO DE TALUDE NATURAL: $\varphi = 35°$

COEFICIENTE K: 0,434

Tabela 9.1 Tabela de empuxo e momento de tombamento para o solo do tipo "areia seca"

EMPUXO E MOMENTO DE TOMBAMENTO					
H(m)	$h^2/2$	$h^2/6$	K	EMPUXO (E)	MOMENTO (M)
6,00	18,00	6,00	0,434	7,80	2,60
5,50	15,12	5,04	0,434	6,56	2,18
5,00	12,50	4,16	0,434	5,42	1,80
4,50	10,12	3,37	0,434	4,42	1,46
4,00	8,00	2,66	0,434	3,47	1,15
3,50	6,125	2,04	0,434	2,65	0,87
3,00	4,50	1,50	0,434	1,95	0,65
2,50	3,12	1,04	0,434	1,35	0,45
2,00	2,00	0,668	0,434	0,86	0,28

9.4.2 Tipo de Solo: Areia Úmida

CARACTERIZAÇÃO:

Solo formado por pequenos grãos que não apresentam muita coesão, apresentando certo grau de umidade percebido no contato.

MODO DE IDENTIFICAÇÃO:

Coloca-se o bico de um funil enterrado no solo a ser identificado e enche-se de água. Passado certo tempo a água escoa pelo bico, penetrando no solo. A demora no escoamento indica o grau de umidade.

PESO ESPECÍFICO: 1,8 t/m³

ÂNGULO NATURAL: de 34° a 37°

ÂNGULO DE TALUDE NATURAL: $\varphi = 35°$

COEFICIENTE K: 0,487

Tabela 9.2 Tabela de empuxo e momento de tombamento para o solo do tipo "areia úmida"

EMPUXO E MOMENTO DE TOMBAMENTO					
H(m)	$h^2/2$	$h^2/6$	K	EMPUXO (E)	MOMENTO (M)
6,00	18,00	6,00	0,487	8,776	2,922
5,50	15,12	5,04	0,487	7,363	2,454
5,00	12,50	4,16	0,487	6,087	2,026
4,50	10,12	3,37	0,487	4,928	1,641
4,00	8,00	2,66	0,487	3,896	1,295
3,50	6,125	2,04	0,487	2,198	1,00
3,00	4,50	1,50	0,487	1,21	0,73
2,50	3,12	1,04	0,487	1,519	0,28
2,00	2,00	0,668	0,487	0,54	0,18

9.4.3 Tipo de Solo: Areia Saturada

CARACTERIZAÇÃO:

Solo formado por pequenos grãos soltos que permanecem com certo grau de ligação em virtude da tensão superficial da água.

MODO DE IDENTIFICAÇÃO:

Coloca-se o bico de um funil enterrado no solo a ser identificado e enche-se de água. No solo saturado há evidente dificuldade de a água escoar pelo bico do funil.

PESO ESPECÍFICO: 2,0 t/m³
ÂNGULO NATURAL: de 34° a 37°
ÂNGULO DE TALUDE NATURAL: φ = 35°
COEFICIENTE K: 0,542

Tabela 9.3 Tabela de empuxo e momento de tombamento para o solo do tipo "areia saturada"

EMPUXO E MOMENTO DE TOMBAMENTO					
H(m)	$h^2/2$	$h^2/6$	K	EMPUXO (E)	MOMENTO (M)
6,00	18,00	6,00	0,542	9,756	3,25
5,50	15,12	5,04	0,542	8,19	2,73
5,00	12,50	4,16	0,542	6,77	2,25
4,50	10,12	3,37	0,542	5,48	1,82
4,00	8,00	2,66	0,542	4,33	1,44
3,50	6,125	2,04	0,542	3,31	1,12
3,00	4,50	1,50	0,542	2,43	0,81
2,50	3,12	1,04	0,542	1,69	0,56
2,00	2,00	0,668	0,542	1,08	0,36

9.4.4 Tipo de Solo: Argila Magra

CARACTERIZAÇÃO:

A argila se caracteriza pelo tamanho das partículas das quais é composta. Os grãos da argila são bem menores que os da areia. Além disso, os grãos de argila possuem uma coesão que os mantém unidos.

MODO DE IDENTIFICAÇÃO:

O comportamento de um solo argiloso varia enormemente com o teor de umidade. A argila molhada é o barro usado para modelagem e cozimento.

PESO ESPECÍFICO: 1,8 t/m³
ÂNGULO NATURAL: de 24° a 28°
ÂNGULO DE TALUDE NATURAL: φ = 25°
COEFICIENTE K: 0,730

Tabela 9.4 Tabela de empuxo e momento de tombamento para o solo do tipo "argila magra"

EMPUXO E MOMENTO DE TOMBAMENTO					
H(m)	$h^2/2$	$h^2/6$	K	EMPUXO (E)	MOMENTO (M)
6,00	18,00	6,00	0,730	13,14	4,38
5,50	15,12	5,04	0,730	11,03	3,68
5,00	12,50	4,16	0,730	9,12	3,03
4,50	10,12	3,37	0,730	7,38	2,46
4,00	8,00	2,66	0,730	5,84	1,94
3,50	6,125	2,04	0,730	4,47	1,48
3,00	4,50	1,50	0,730	3,28	1,09
2,50	3,12	1,04	0,730	2,27	0,759
2,00	2,00	0,668	0,730	1,46	0,487

9.4.5 Tipo de Solo: Argila Gorda

CARACTERIZAÇÃO:

A argila se caracteriza pelo tamanho das partículas das quais é composta. Os grãos da argila são bem menores que os da areia. Além disso, os grãos de argila possuem uma coesão que os mantém unidos.

MODO DE IDENTIFICAÇÃO:

O comportamento de um solo argiloso varia enormemente com o teor de umidade. A argila gorda se esparrama mais que a magra quando colocada sobre uma superfície plana.

PESO ESPECÍFICO: 2,0 t/m³

ÂNGULO NATURAL: de 16° a 24°

ÂNGULO DE TALUDE NATURAL: $\varphi = 20°$

COEFICIENTE K: 0,980

Tabela 9.5 Tabela de empuxo e momento de tombamento para o solo do tipo "argila gorda"

EMPUXO E MOMENTO DE TOMBAMENTO					
H(m)	$h^2/2$	$h^2/6$	*K*	EMPUXO (*E*)	MOMENTO (*M*)
6,00	18,00	6,00	0,980	17,64	5,88
5,50	15,12	5,04	0,980	14,81	5,04
5,00	12,50	4,16	0,980	12,25	4,07
4,50	10,12	3,37	0,980	9,91	3,37
4,00	8,00	2,66	0,980	7,84	2,60
3,50	6,125	2,04	0,980	6,00	1,99
3,00	4,50	1,50	0,980	4,41	1,47
2,50	3,12	1,04	0,980	3,05	1,01
2,00	2,00	0,668	0,980	1,96	0,65

9.4.6 Tipo de Solo: Terra Solta Seca

CARACTERIZAÇÃO:

Terra revolvida que contém um grau de empolamento e que não tem umidade.

MODO DE IDENTIFICAÇÃO:

O solo em sua condição natural tem um determinado volume. Quando o solo é revolvido esse volume cresce.

PESO ESPECÍFICO: 1,5 t/m³

ÂNGULO NATURAL: de 22° a 30°

ÂNGULO DE TALUDE NATURAL: $\varphi = 25°$

COEFICIENTE *K*: 0,608

Tabela 9.6 Tabela de empuxo e momento de tombamento para o solo do tipo "terra solta seca"

EMPUXO E MOMENTO DE TOMBAMENTO					
H(m)	$h^2/2$	$h^2/6$	K	EMPUXO (E)	MOMENTO (M)
6,00	18,00	6,00	0,608	10,94	3,648
5,50	15,12	5,04	0,608	9,19	3,06
5,00	12,50	4,16	0,608	7,60	2,52
4,50	10,12	3,37	0,608	6,15	2,04
4,00	8,00	2,66	0,608	4,86	1,24
3,50	6,125	2,04	0,608	3,72	0,91
3,00	4,50	1,50	0,608	2,736	0,39
2,50	3,12	1,04	0,608	1,89	0,63
2,00	2,00	0,668	0,608	1,21	0,40

9.4.7 Tipo de Solo: Terra Solta Úmida

CARACTERIZAÇÃO:

A mesma de terra solta seca, com a diferença de ter recebido umidade.

MODO DE IDENTIFICAÇÃO:

O comportamento de um solo solto varia enormemente com o teor de umidade.

PESO ESPECÍFICO: 1,6 t/m^3

ÂNGULO NATURAL: de 22° a 30°

ÂNGULO DE TALUDE NATURAL: $\varphi = 25°$

COEFICIENTE K: 0,649

Tabela 9.7 Tabela de empuxo e momento de tombamento para o solo do tipo "terra solta úmida"

EMPUXO E MOMENTO DE TOMBAMENTO					
H(m)	$h^2/2$	$h^2/6$	K	EMPUXO (E)	MOMENTO (M)
6,00	18,00	6,00	0,649	11,682	3,894
5,50	15,12	5,04	0,649	9,812	3,27
5,00	12,50	4,16	0,649	8,11	2,70
4,50	10,12	3,37	0,649	6,567	2,18
4,00	8,00	2,66	0,649	5,192	1,726
3,50	6,125	2,04	0,649	3,975	1,323
3,00	4,50	1,50	0,649	2,920	0,973
2,50	3,12	1,04	0,649	2,024	0,67
2,00	2,00	0,668	0,649	1,298	0,433

9.4.8 Tipo de Solo: Terra Solta Saturada

CARACTERIZAÇÃO:

A mesma de terra solta seca, com a diferença de ter recebido muito mais umidade, formando lama.

MODO DE IDENTIFICAÇÃO:

O comportamento de um solo solto saturado varia enormemente com o teor de umidade, chegando a provocar o atolamento de um veículo.

PESO ESPECÍFICO: 2,0 t/m³

ÂNGULO NATURAL: de 22° a 30°

ÂNGULO DE TALUDE NATURAL: $\varphi = 25°$

COEFICIENTE K: 0,812

Tabela 9.8 Tabela de empuxo e momento de tombamento para o solo do tipo "terra solta saturada"

EMPUXO E MOMENTO DE TOMBAMENTO					
H(m)	$h^2/2$	$h^2/6$	K	EMPUXO (E)	MOMENTO (M)
6,00	18,00	6,00	0,812	14,6	4,87
5,50	15,12	5,04	0,812	12,27	4,09
5,00	12,50	4,16	0,812	10,15	3,377
4,50	10,12	3,37	0,812	8,21	2,73
4,00	8,00	2,66	0,812	6,49	2,15
3,50	6,125	2,04	0,812	4,97	1,65
3,00	4,50	1,50	0,812	3,654	1,218
2,50	3,12	1,04	0,812	2,53	0,84
2,00	2,00	0,668	0,812	1,62	0,54

9.4.9 Tipo de Solo: Terra Compactada Seca

CARACTERIZAÇÃO:

Terreno onde as partículas que formam os grãos são confinadas, espremidas uma à outra, como se a terra tivesse sofrido um esmagamento.

MODO DE IDENTIFICAÇÃO:

O tipo de terreno compactado é identificado por apresentar-se particularmente uniforme por motivo da passagem de uma máquina com pé-de-carneiro.

PESO ESPECÍFICO: 1,8 t/m³
ÂNGULO NATURAL: de 22° a 30°
ÂNGULO DE TALUDE NATURAL: $\varphi = 25°$
COEFICIENTE K: 0,730

Tabela 9.9 Tabela de empuxo e momento de tombamento para o solo do tipo "terra compactada seca"

EMPUXO E MOMENTO DE TOMBAMENTO					
H(m)	$h^2/2$	$h^2/6$	K	EMPUXO (E)	MOMENTO (M)
6,00	18,00	6,00	0,730	13,14	2,60
5,50	15,12	5,04	0,730	9,12	3,03
5,00	12,50	4,16	0,730	7,38	2,46
4,50	10,12	3,37	0,730	6,56	2,18
4,00	8,00	2,66	0,730	5,84	1,94
3,50	6,125	2,04	0,730	4,47	1,48
3,00	4,50	1,50	0,730	3,28	1,09
2,50	3,12	1,04	0,730	2,27	0,759
2,00	2,00	0,668	0,730	1,46	0,487

9.4.10 Tipo de Solo: Terra Compactada Úmida

CARACTERIZAÇÃO:

Terreno onde as partículas que formam os grãos são confinadas, espremidas uma à outra, como se a terra tivesse sofrido um esmagamento, apresentando também certo grau de umidade.

MODO DE IDENTIFICAÇÃO:

O tipo de terreno compactado úmido é identificado por apresentar-se particularmente uniforme por motivo da passagem de uma máquina com pé-de-carneiro, porém com grau de umidade mais acentuado conforme ensaio de Proctor.

PESO ESPECÍFICO: 1,9 t/m³

ÂNGULO NATURAL: de 22° a 30°

ÂNGULO DE TALUDE NATURAL: $\varphi = 25°$

COEFICIENTE K: 0,771

Tabela 9.10 Tabela de empuxo e momento de tombamento para o solo do tipo "terra compactada úmida"

EMPUXO E MOMENTO DE TOMBAMENTO					
H(m)	$h^2/2$	$h^2/6$	K	EMPUXO (E)	MOMENTO (M)
6,00	18,00	6,00	0,771	13,878	4,626
5,50	15,12	5,04	0,771	11,657	3,885
5,00	12,50	4,16	0,771	9,63	3,20
4,50	10,12	3,37	0,771	7,80	2,598
4,00	8,00	2,66	0,771	6,168	2,05
3,50	6,125	2,04	0,771	4,72	1,57
3,00	4,50	1,50	0,771	3,469	1,15
2,50	3,12	1,04	0,771	2,405	0,801
2,00	2,00	0,668	0,771	1,542	0,515

CAPÍTULO 10

A PRÁTICA DA ENGENHARIA

10.1 INFORMAÇÕES PRECIOSAS

Terminado o Curso da Faculdade, nos tornamos Engenheiros. Então descobrimos que estamos sozinhos no meio do canteiro de obra. É o instante no qual sentimos saudade do professor para nos orientar no procedimento. O parceiro que sentava ao lado está agora a quilômetros de distância num trabalho que ele conseguiu lá no interior. Aquela "troca de ideias" realizada furtivamente durante a prova não existe mais. A praça de obra parece uma praça de touros, e você está sentindo o que um toureiro sente quando enfrenta o touro pela primeira vez.

O ser humano, na sua implacável necessidade de encontrar uma explicação para tudo, consciente de sua pequenez diante da imensidão do Universo, busca a razão de tudo, inclusive a de sua existência. Diante da impossibilidade de decifrar aquilo que se oculta além do alcançável pelo conhecimento humano, cria hipóteses e inventa teorias, as quais vão povoar-lhe a mente. É nessa ocasião que o indivíduo começa a crer naquilo que passou a acreditar.

Foi dessa forma que surgiram as lendas e superstições fundamentadas em crendices que se repetem e vão se arraigando cada vez mais na crença do povo, de onde saem os trabalhadores de obra. Num canteiro de obra encontramos uma diversidade muito grande de pessoas que se revezam no trabalho, cada um na sua tarefa específica, que, no conjunto, formam a grande equipe, a qual tornará possível a execução de uma obra. No meio dessa gente encontramos um contingente de pessoas que se manifestam de forma variada, cada um com seu grau de inteligência, de conhecimento e de cultura, particularmente neste país com vasta extensão territorial, onde cada região criou uma cultura própria. Portanto, nada mais comum do que encontrar num canteiro de obra uma série de superstições e crendices muitas vezes absurdas dentro de uma mente cujo desenvolvimento não é aparente, mas na qual surgem crenças difíceis de sofrer modificações. Imagine a dificuldade de convencer um mestre de obras que deve armar uma viga exatamente como foi projetada, pois do contrário pode estar comprometendo a estrutura. Para ele o aproveitamento de um pedaço a mais de ferro (que sobrou no canteiro de obra) só pode reforçar a viga. Esse procedimento, é claro, está incorreto. É interessante observar a quantidade de entulho que sai da obra e quanto de ferro está contido nele. A impressão que se tem é de que quem calculou a quantidade de ferro para compra chegou quase à exatidão e por isso não havia muito toco de ferro no entulho.

Na realidade o que ocorre é que o ferro que deveria estar no entulho está envelopado no concreto da viga, e isso pode ser prejudicial.

A ferragem longitudinal abaixo da linha neutra (LN) absorve os esforços de tração, enquanto a massa de concreto endurecido acima dessa linha suporta a compressão. Esses dois elementos se equilibram no interior da viga para garantir a estabilidade do elemento estrutural. Se for acrescentado mais ferro, a resistência da peça contra a tração aumenta, porém a secção de concreto permanece a mesma. Na possibilidade de a viga receber um acréscimo significativo da carga, por causa da ferragem adicional, a solicitação por tração é bem suportada pela viga, porém poderá haver o rompimento do concreto acima da linha neutra por esmagamento. Nesse caso o acréscimo de ferro terá sido prejudicial, pois não haverá o aparecimento da fissura característica da flexão que avisa quando a armadura é insuficiente para aquela carga. Dessa forma não há possibilidade de o concreto chegar ao limite último.

Passado o impacto das novidades encontradas nos primeiros dias de trabalho, você tomará consciência da sua responsabilidade com o conhecimento da engenharia no decorrer da obra.

É quando percebemos que a informação de cunho prático de que necessitamos não consta do livro que temos em mão. Então aqui vai uma sugestão: anote no próprio livro tudo aquilo que você descobriu a respeito de sua dúvida. Acreditando que você acatará essa ideia, deixamos espaços para essas anotações serem feitas nos momentos oportunos.

10.2 QUESTIONAMENTOS E CONSIDERAÇÕES

Anote tudo aquilo que você descobrir a respeito dos assuntos tratados nesse conjunto de receitas colocadas neste livro com o objetivo de tornar mais fácil o entendimento de muitas dúvidas que cercam os assuntos aqui colocados. No mínimo, suas dúvidas terão sido tiradas da inércia da mente onde estavam guardadas ou até mesmo esquecidas. Se não foram entendidas, quer seja pelo pouco interesse em esclarecê-las ou pela nossa falha em tentar explicá-las, acredito que o leitor sentirá que seu interesse foi aguçado pela matéria. Precisamos de espaços para as anotações serem feitas nos momentos oportunos e não caírem no esquecimento ou serem perdidas numa folha solta.

Para que você crie esse hábito, começamos uma série de perguntas cujas respostas certamente lhe serão úteis no dia a dia da engenharia.

PERGUNTA nº 1

O acréscimo de cimento na dosagem do concreto melhora a sua qualidade?

Resposta nº 1

Para se obter um bom concreto é preciso cuidados específicos com relação à dosagem do cimento. Em obras de grande massa, o cimento a ser usado causa deformações lentas de expansão. Essas deformações físico-químicas provocadas pelo calor de hidratação se tornam mais significativas quando o cimento tem participação na dosagem do concreto com valores maiores que 300 kg/m^3. O teor de aluminato tricálcico deve ser baixo, em razão do crescimento que ocorre na relação entre deformação e aumento de resistência, a qual se acentua quando o teor de cimento é maior que 450 kg/m^3. Torna-se de grande importância cumprir a dosagem indicada pelo calculista.

PERGUNTA nº 2

Com a expansão das centrais de usinagem do concreto as betoneiras deverão virar peças de museu?

Resposta nº 2

Se nos basearmos nas ideias futuristas, o que acontecerá será exatamente o contrário. As betoneiras irão ganhar comandos autônomos e capazes de tomar decisões por si mesmas. Bastará alimentá-la com os componentes do concreto e acionar "ENTER". Ela fará a dosagem, contará o número de voltas necessário e o tempo para concretagem. Por isso continuará sendo necessária em toda e qualquer obra.

PERGUNTA nº 3

Sabemos que as microfissuras provocam a permeabilidade do concreto. As fissuras aumentam com o aumento das cargas e o passar do tempo. Isso é um acontecimento crítico para a obra?

Resposta nº 3

Sim. A viga sujeita a esforços muito elevados apresenta fissuras que são facilmente identificadas e que servem de alerta de que chegou ao seu limite máximo. Com o pilar sujeito ao esforço de compressão, isso não acontece. Quando o pilar começa a fissurar já está se iniciando o processo de colapso por esmagamento.

PERGUNTA nº 4

Existe alguma técnica para a realização da concretagem?

Resposta nº 4

Antes da concretagem deve ser feita a verificação da bitola; quantidade e espaçamento dos ferros da armadura. Para manter o espaçamento da armadura na posição afastada da fôrma devem ser usados espaçadores de argamassa, concreto ou fibrocimento. Isso faz parte da fase de preparação, vindo a seguir a concretagem propriamente dita.

PERGUNTA nº 5
Como deve ser feito o lançamento do concreto na fôrma durante a concretagem?

Resposta nº 5
As tábuas da fôrma devem ser molhadas exaustivamente e após o escoamento da água livre devem ser vedadas de tal forma que a água do concreto não se perca pelas fendas entre as tábuas. A altura máxima de lançamento do concreto é de 1 (um) metro e meio para evitar a sua desagregação, que é a responsável pela incorporação de grande quantidade de ar, o qual dá ao concreto uma aparência desagradável.

PERGUNTA nº 6
Quando falamos em laje, a primeira ideia que nos vem é de uma placa plana na horizontal, suspensa, que recebe uma carga aplicada verticalmente e de maneira uniforme. Existem outros tipos de estrutura que funcionam como laje?

Resposta nº 6
Quando se fala em laje, logo pensamos numa placa horizontal. As lajes também podem ser construídas na posição vertical. É o caso dos muros de contenção, que suportam o empuxo de terra atuando horizontalmente. Mas a laje pode ser inclinada, como no caso das rampas, ou vertical como as lajes usadas como paredes de contenção. As paredes de contenção ou muros de arrimo são estruturas que recebem carregamento de forças na horizontal, diferentemente das lajes planas, que são carregadas verticalmente e a carga atua teoricamente como distribuída por igual sobre a laje.

No caso dos muros de arrimo, a carga é triangular e cresce conforme a altura de contenção. Contudo, considerando que quando se trabalha com o solo o que buscamos são valores que mais se aproximem do valor real, muitas vezes temos que lançar mão de métodos empíricos para a solução dos problemas que se apresentam.

PERGUNTA nº 7
Como determinar o valor do empuxo provocado pelo peso do terreno na laje vertical?

Resposta nº 7
O muro de contenção ou arrimo funciona como uma laje engastada, em balanço, ou seja, com uma borda livre, que é a borda superior do muro. A carga horizontal que atua no muro é uma carga triangular que cresce conforme a altura do muro.

PERGUNTA nº 8

Como se calcula o empuxo num muro de arrimo?

Resposta nº 8

O empuxo depende de duas variáveis: A altura do muro e a característica do solo a ser contido.

PERGUNTA nº 9

Faça um rascunho com a representação em perspectiva de uma laje plana, mostrando suas três dimensões. Faça uso das regras da perspectiva apresentadas neste livro.

Resposta nº 9

PERGUNTA nº10

No espaço seguinte, passe a limpo o desenho em perspectiva e acrescente a representação da ferragem na posição adequada. Pesquise em outras fontes modelos de muro de arrimo e desenhe no espaço disponível.

Resposta nº 10

10.3 ANOTAÇÕES PESSOAIS

Espaço reservado para anotações do leitor a respeito dos conhecimentos adquiridos neste livro.

10.4 O FUTURO A SER PASSADO

É importante não menosprezar os antigos conhecimentos, os quais devem ser conhecidos, analisados e compreendidos antes de serem trocados pela novidade dos processos da modernidade. No tempo atual o mundo passa por uma importante fase de desenvolvimento, principalmente no campo da informática. A globalização torna-nos mais próximos um do outro e até mais bem informados. Porém, é importante não esquecer que o conhecimento trazido pelas inovações é fruto do que foi obtido no passado. Os velhos conceitos não devem ser tomados como coisa descartável, mas como fruto de uma ideia que evoluiu com o tempo.

Aqueles que se iniciam no exercício da profissão de engenheiro devem saber que a Engenharia não é composta apenas de números. Os números fornecem a confirmação de conceitos e ideias que se encaixam para se materializar em realidade. O tempo é o único elemento presente em todas as equações matemáticas, as quais sem ele seriam nulas. Sem o tempo não existiria a mente inteligente que pudesse resolvê-las, pois não existiria a vida. Lembre-se de que a engenharia enquanto Ciência fez uso da Arte para crescer ordenadamente. Não nasceu com você e não morrerá com sua ausência. Mas é importante ter a consciência de que para uma Engenharia moderna, eficiente e eficaz torna-se necessário encontrar em você uma mente que pensa e está capacitada para elevado desempenho profissional.

A QUÍMICA DO CIMENTO

Quem observa as grandiosas obras de engenharia construídas em concreto por certo não imagina que os responsáveis pela resistência são partículas minúsculas que fogem à percepção do olho humano: os microcristais de cimento.

Entre os elementos que propiciaram o desenvolvimento tecnológico dos tempos atuais, o cimento, principal componente do concreto, encontra lugar de destaque, pois se tornou um material indispensável em qualquer edificação. Pelas vantagens que oferece como material de construção, seu estudo tem sido intensificado nos últimos tempos, de modo a se obter dele o máximo de rendimento. Por essa razão, apresentamos este anexo, que pretende explanar melhor os conceitos relativos à química do cimento e suas implicações técnicas.

1. CONSTITUINTES

O cimento Portland resulta do cozimento de uma mistura íntima e em proporções adequadas de calcário e argila, a uma temperatura de cerca de 1400 °C.

1.1 Calcário

O calcário é uma rocha sedimentar, formada, geralmente, no fundo dos lagos e mares, por restos de organismos que se depositaram ao longo de milhões de anos. É constituído de carbonato de cálcio ($CaCO_3$), não nitidamente cristalizado, numa forma impura.

Sob a ação do calor, o calcário se decompõe, produzindo o óxido de cálcio (CaO) e gás carbônico (CO_2). Essa reação pode ser representada da seguinte forma:

$$CaCO_3 + 15.600 \text{ cal} \Rightarrow CaO + CO_2$$

1.2 Argila

A argila é constituída por silicato de alumínio hidratado, ou seja, é um hidrossilicato de alumínio, contendo, geralmente, impurezas, entre as quais se notam substâncias ferruginosas. Sua formação geológica provém da decomposição de rochas feldspáticas, magmáticas, como o granito, ou metamórficas, como o gnaisse. As rochas magmáticas bem como as metamórficas que se originaram delas, como é o caso do octognaisse, possuem um teor de sílica (SiO_2), que é transmitido à argila durante sua formação. Também o óxido de alumínio (Al_2O_3) é encontrado em quantidade considerável na desagregação dos feldspatos.

Na sua forma mais pura, a argila se encontra num composto cuja fórmula química é $Al_2O_3 \cdot 2SiO_2 \cdot 2H_2O$.

A composição teórica média da argila é a seguinte: sílica – 46,4 %, alumina – 39,7 % e água – 13,9 %.

1.3 Gesso

O gesso é misturado ao clínquer na saída do forno com a finalidade de regularizar o tempo de pega. Entra na constituição do cimento na proporção de 2 a 3 % em peso do clínquer. O gesso é o produto da desidratação da gipsita, que é um sulfato de cálcio hidratado ($CaSO_4 \cdot 2H_2O$).

1.4 Composição Química

Considerando que, com exceção dos gases nobres, todos os elementos se ligam ao oxigênio formando óxidos, é possível, mediante uma análise química, determinar a composição em óxidos do cimento.

A análise da composição química do cimento é feita por desdobramento da amostra com ácido clorídrico (HCl), que permite que seja determinado, por avaliação do resíduo retido durante a filtragem, o teor de sílica, assim como dos componentes não solúveis no ácido clorídrico; e por reação com outros reagentes, podem ser determinados os teores dos demais óxidos.

A composição média do cimento Portland expressa em óxidos é a seguinte:

Quadro A.1 Óxidos do cimento Portland

ÓXIDOS	% EM PESO
CaO	60 a 70
SiO_2	17 a 25
Al_2O_3	3 a 8
Fe_2O_3	0,5 a 6
MgO	0,1 a 5,5
Na_2O K_2O	0,5 a 1,5
SO_3	1 a 3

1.4.1 Óxido de Cálcio

O principal componente do cimento Portland é o óxido de cálcio (CaO), proveniente, em quase sua totalidade, da decomposição do carbonato de cálcio ($CaCO_3$) do calcário, estando presente numa proporção de 60 a 70 %.

As propriedades mecânicas do cimento aumentam com o crescimento do teor de óxido de cálcio, desde que esteja em estado combinado. A presença de CaO livre é prejudicial, pois provoca a instabilidade no volume das pastas, argamassas e concretos, em virtude do desprendimento de calor quando se dá sua hidratação. Essa reação exotérmica é expressa da seguinte maneira: $CaO + H_2O \Rightarrow Ca(OH)_2 + 156.600\ cal$.

1.4.2 Óxido de Silício

A sílica (SiO_2), originária da argila, encontra-se no cimento numa porcentagem que varia de 17 a 25 %. Ao combinar-se com o CaO, forma os mais importantes compostos do cimento Portland. Sob a ação do calor, sofre diversas transformações em sua forma cristalina. O óxido de silício (ou, mais propriamente, dióxido de silício SiO_2) se funde a 1.900 °C e ao resfriar-se endurece, formando uma massa vítrea.

1.4.3 Óxido de Alumínio

A alumina (Al_2O_3), proveniente da argila, que, como já foi dito, é um hidrossilicato de alumínio, ocorre numa porcentagem de 3 a 8 % e serve como fundente durante a clinquerização. No cozimento dá-se a formação de compostos de alumina que, com o acréscimo de temperatura, se fundem, facilitando as reações que se processam na clinquerização. Um dos compostos de alumina, o aluminato tricálcico ($3CaO \cdot Al_2O_3$), é nocivo ao cimento quando ultrapassa certos limites de quantidade, pois desenvolve calor de hidratação, além de acelerar a pega e diminuir a resistência aos sulfatos.

1.4.4 Óxido Férrico

O Fe_2O_3 forma um composto com a alumina, o aluminoferritotetracálcico, cuja representação é $4CaO \cdot Al_2O_3 \cdot Fe_2O_3$, que serve como fundente durante a clinquerização e reduz a formação do aluminato tricálcico, diminuindo seus efeitos nocivos. O óxido férrico ocorre em quantidades pequenas no cimento (0,5 a 6 %) e se origina das substâncias ferruginosas que acompanham a argila.

1.4.5 Anidrido Sulfúrico

Como consequência da adição do gesso ao clínquer, o anidrido sulfúrico (SO_3), proveniente do sulfato de cálcio hemi-hidratado ($2CaSO_4 \cdot H_2O$), aparece em certa proporção na composição do cimento. O SO_3 reage com a alumina, formando sulfoaluminato, que possui efeitos nocivos, provocando o aumento de volume da pasta de cimento e a desagregação do produto.

1.4.6 Óxido de Magnésio

O calcário que entra na fabricação do cimento geralmente é acompanhado do mineral dolomita (carbonato duplo de magnésio e cálcio $MgCO_3 \cdot CaCO_3$), originando-se daí o óxido de magnésio (MgO).

A magnésia, como também é chamado o óxido de magnésio, não se combina durante o processo de cozimento do cimento, ou seja, não forma componente hidráulico, permanecendo livre. Em contato com a água, a magnésia se hidrata e aumenta de volume, efeito que se manifesta com lentidão, através dos anos, e por isso um teor muito elevado de magnésia se torna nocivo ao cimento, em virtude de suas propriedades expansivas.

1.4.7 Alcalinos

Os alcalinos, em forma de Na_2O e K_2O, acompanham as matérias-primas do cimento e são inócuos quando em pequena porcentagem. Têm importância como fundentes durante a clinquerização. Quando sua porcentagem é elevada, os alcalinos podem produzir dificuldades na regularização do tempo de pega.

1.4.8 Perda ao Fogo

A análise química do cimento se faz acompanhar da determinação da perda ao fogo. Ela se refere à perda de peso expressa em porcentagem em uma amostra de cimento aquecida a 1000 °C. As substâncias que se liberam durante o aquecimento estão constituídas fundamentalmente por água e anidrido carbônico. A água é proveniente de umidade absorvida pelo cimento e pela água de constituição, em particular a água combinada quimicamente com o gesso que é adicionado ao clínquer. O anidrido carbônico (CO_2) provém do ar, onde é absorvido em pequena quantidade pelos materiais hidratados que se formaram em virtude da absorção da água.

1.4.9 Insolúveis

O termo insolúveis, indicado pela análise do cimento, se aplica à porção que não foi dissolvida pelo ácido clorídrico HCl. Na mistura crua, quase toda a argila é insolúvel no HCl, mas após o cozimento se transforma em minerais do clínquer, solúveis no ácido. Dessa forma, o teor de insolúveis permite verificar as proporções da matéria-prima e as condições de cozimento.

1.5 Reações durante o Cozimento

O cozimento (clinquerização) do cimento Portland é realizado em grandes fornos rotativos, nos quais é insuflado combustível que produz chama de alto poder calorífico. A mistura crua é cuidadosamente dosada, com aproximadamente ¾ partes em peso de carbonato de cálcio (calcário) e ¼ parte de argila, e seus componentes devem ser finamente moídos e intimamente misturados (por via seca ou úmida) de modo que o cozimento produza as reações químicas desejadas.

Do ponto de vista físico-químico, a combinação dos minerais que conduzem à formação do clínquer se efetua em duas etapas:

- reações no estado sólido a temperaturas mais baixas;
- difusão em fase líquida nas temperaturas mais elevadas.

1.5.1 Reações no Estado Sólido

Numerosos fatores influem nas reações no estado sólido. Entre elas podemos citar:

- homogeneidade da mistura inicial;
- dimensões das partículas constituintes da mistura (superfície de contato);
- condições da superfície de contato e sua energia de reação (tendência a facilitar as reações);
- natureza mineralógica dos constituintes da mistura (possibilidade de transformações cristaloquímicas favorecendo as reações);
- condições da estrutura cristalina que facilitam o arranjo molecular;
- condições da estrutura reticular que facilitam as migrações iônicas e eletrolíticas.

As reações que se processam no estado sólido são, em linhas gerais, as seguintes:

- até 1000 °C, evaporação da água livre e umidade combinada do hidrossilicato de alumínio (argila);
- entre 600 e 700 °C ocorre a dissociação do carbonato de magnésio;
- a partir de 800 °C dá-se a dissociação do carbonato de cálcio, iniciando-se, a partir daí, as reações entre o óxido de cálcio (CaO) e os silicatos de alumínio, com a formação de silicatos e aluminatos de cálcio. Assim, por volta dos 800 °C há a formação de $CaO{\cdot}Al_2O_3$ e presumivelmente $CaO{\cdot}Fe_2O_3$;
- entre 900 e 950 °C forma-se $5CaO{\cdot}3Al_2O_3$;
- de 950 a 1200 °C efetua-se a formação do aluminato tricálcico ($3CaO{\cdot}Al_2O_3$) e presumivelmente o aluminoferrito tetracálcico ($4CaO{\cdot}Al_2O_3{\cdot}Fe_2O_3$);
- com a temperatura de 1260 °C começa a fusão, que atinge 20 a 30 % da mistura.

1.5.2 Fase Líquida

No estudo das reações que se processam durante a fase de fusão da mistura, é necessário considerar:

- a temperatura de início de fusão;
- a quantidade da mistura que se funde;
- a viscosidade do líquido resultante da fusão.

A temperatura de início da fusão depende da presença de maior ou menor porcentagem de cada um dos componentes. Considerando-se somente o sistema cal-sílica-alumina ($CaO;SiO_2;Al_2O_3$), a fusão inicial da mistura:

$3CaO \cdot SiO_2;2CaO \cdot SiO_2$ e $3CaOAl_2O_3$ se dá a 1458 °C.

Em presença do ferroaluminato tetracálcico ($4CaO \cdot Al_2O_3 \cdot Fe_2O_3$), essa temperatura de fusão abaixa para 1338 °C, e no sistema do qual faça parte o óxido de magnésio (MgO) ela é da ordem de 1300 °C. O FeO, Na_2O, K_2O, Mn e os fluoretos presentes no sistema abaixam ainda mais a temperatura de fusão. O óxido férrico, o óxido de magnésio e os alcalinos servem como fundentes durante a clinquerização.

Numa mistura cuja composição química seja:

CaO	66 %
SiO_2	21,95 %
Al_2O_3	6,10 %
Fe_2O_3	2,65 %

à temperatura de 1338 °C o ferro aluminato tetracálcico se funde ao mesmo tempo que uma parte do aluminato tricálcico e do silicato dicálcico, para formar um líquido pastoso; entre 1350 °C e 1400 °C, todo o aluminato tricálcico se funde; enfim, ao redor de 1400 °C o líquido envolve os cristais de silicato tricálcico ($3CaO \cdot SiO_2$), que se forma a essa temperatura, e do silicato dicálcico ($2CaO \cdot SiO_2$), já formado.

Com relação à quantidade de mistura que se funde, depende da temperatura e das relações:

$$\frac{Si}{Al+Fe}$$

$$\frac{Al}{Fe}$$

A fase líquida é considerada um meio favorável à difusão e reação dos óxidos presentes. A viscosidade do líquido resultante da fusão torna-se importante, pois a velocidade da difusão dos óxidos é dada por:

$$D=\frac{k \cdot T}{n} \text{ (equação de Fick)}$$

em que:
T – temperatura absoluta;

n - viscosidade do líquido;
k - coeficiente que depende do óxido.

A viscosidade decresce com a temperatura, e, para uma temperatura dada, ela é influenciada pela composição do líquido, tendo o óxido férrico um papel de grande importância. A uma temperatura de 450 °C, a viscosidade é sensivelmente:

$$n = \frac{4}{3} * \frac{Al}{Fe} \text{ (Jirku)}$$

No mecanismo de aglomeração das partículas durante a reação, a presença do líquido e sua viscosidade intervém, como se verifica nas fórmulas que expressam a aptidão à aglomeração:

$$\lambda = \frac{\text{líquido}}{\text{viscosidade}} \text{ (Jirku)}$$

$$A = \text{líquido} + 2\ Fe_2O_3 + 0{,}22\ C2S \text{ (Konopiccky)}$$

A fase líquida deve se processar em quantidade apenas suficiente para a formação do silicato tricálcio, devendo ser evitada uma extensão maior da fase, o que causaria "aglomerados" muito grandes e incrustações nas paredes do forno.

Após o cozimento, ao resfriar, o líquido cristaliza nos interstícios dos silicatos, e o material resultante se apresenta sob a forma de pedras bastante duras (clínquer).

Depois do resfriamento, o clínquer passa por moinhos de bolas de aço, para adquirir a finura desejada, e recebe a adição de aproximadamente 3 % de gesso para regularizar a pega.

1.5.3 Processos de Fabricação

Existem dois processos de fabricação do cimento Portland:

- por via úmida;
- por via seca.

No processo por via úmida o calcário é britado e secado, sendo logo a seguir pulverizado em moinhos especiais. A argila é diluída nos "diluidores", onde é agitada, passando, a seguir, por um processo de peneiração.

1.6 Composição Mineralógica

Como resultado do cozimento, no cimento não hidratado, os óxidos combinam-se na forma de compostos. Os principais compostos do cimento Portland são:

- silicato tricálcico $3CaO \cdot SiO_2$ (C3S)
- silicato dicálcico $2CaO \cdot SiO_2$ (C2S)

- aluminato tricálcico $3CaO \cdot AlSO_3$ (C3A)
- ferro aluminato tetracálcico $4CaO \cdot Al_2O_3 \cdot Fe_2O_3$ (C4AF)

Partindo da análise da composição química da amostra do cimento, admitindo a cristalização completa na formação do clínquer, considerando que as reações químicas tendem ao equilíbrio, enquanto as condições de esfriamento não alteram os compostos, e, ainda, que o MgO se mantém livre, o $CaSO_4$ (gesso) é adicionado no final da fabricação e que os compostos se formam uns após outros, segundo a afinidade química, é possível determinar, pelo processo de Bogne, as quantidades dos compostos.

$\%CaSO_4 = 1{,}7 \times \%\ SO_3$
$\%C4AF = 3{,}04 \times \%\ Fe_2O_3$
$\%C3A = 2{,}65 \times \%\ Al_2O_3 - 1{,}69 \times Fe_2O_3$
$\%C3S = 4{,}07 \times \%\ CaO - 7{,}60 \times \%\ SiO_2 - 6{,}72 \times \%\ Al_2O_3 - 1{,}43 \times \%Fe_2O_3 - 2{,}85 \times \%\ SO_3 = 4{,}07 \times CaO\ livre$
$\%\ C2S = 2{,}87 \times \%\ SiO_2 - 0{,}754 \times \%\ C3S$

Considera-se de início o teor de SO_3 determinado pela análise da composição química do cimento por desdobramento da amostra, e calcula-se a quantidade de $CaSO_4$. Do total de CaO determinado na análise, deduz-se o necessário para a formação do $CaSO_4$ e CaO livre. O restante de CaO é que vai produzir os compostos C3S, C2S, C3A e C4AF, com os componentes SiO_2, Al_2O_3 e Fe_2O_3.

A composição mineralógica do cimento Portland comum é, em média, a representada no Quadro A.2.

Quadro A.2 Composição mineralógica do cimento Portland comum

COMPOSIÇÃO MINERALÓGICA	PORCENTAGEM (%)
Silicato dicálcico C2S	20 – 45
Silicato tricálcico C3S	30 – 35
Aluminato tricálcico C3A	10 – 15
Ferroaluminato tetracálcico C4AF	5 – 10
$CaSO_4$	2 – 5
CaO (cal livre)	0,1 – 5,5
Álcalis	0,5 – 1,5
Insolúveis no HCl	< 0,85
Perda do fogo a 900 – 1000 °C	< 4

1.6.1 Influência dos Compostos

Podemos classificar a influência de cada composto quanto a:

- velocidade de reação de hidratação;
- estabilidade química;
- calor de hidratação;
- resistência inicial;
- resistência com o tempo.

O Quadro A.3 mostra as características de cada um dos compostos.

Quadro A.3 Características dos compostos do cimento

CARACTERÍSTICA	C3S	C2S	C3A	C4AF
Velocidade de reação	elevado	pouco	elevado	médio
Estabilidade química	pouco	médio	pouco	elevado
Calor de hidratação	elevado	pouco	elevado	pouco
Resistência inicial	elevado	médio	pouco	pouco
Resistência com o tempo	elevado	elevado	pouco	pouco

C3S – O silicato tricálcico possui grande velocidade de hidratação e pequena estabilidade química. A hidrólise do silicato tricálcico se dá com a libertação do hidróxido de cálcio $Ca(OH)_2$. Durante a hidratação se desenvolve grande quantidade de calor, o que é prejudicial quando o cimento se destina a obras de grande massa de concreto. Um cimento com elevado teor de C3S não é indicado para obras expostas a agentes químicos agressivos.

O silicato tricálcico aparece no cimento numa proporção de 30 a 35 %.

C2S – O silicato dicálcico desenvolve no cimento pequeno calor de hidratação, pequena velocidade de hidratação e boa resistência mecânica no longo prazo. Sua estabilidade química é maior que a do C3S.

Ocorre no cimento na proporção de 20 a 45 %.

C3A – Durante a clinquerização, aparece no cimento, junto com os silicatos, o aluminato tricálcico, em proporções de 10 a 15 %. O C3A dá ao cimento um elevado calor de hidratação e elevadíssima velocidade de hidratação, a qual deve ser "freada" com a adição de gesso ao clínquer. A estabilidade química é pequena diante dos sulfatos e cloretos. Em presença da cal normalmente liberada pela hidrólise dos silicatos, a hidratação conduz à formação do aluminato tetracálcico, o sulfato de cal reage, produzindo sulfoaluminato de cálcio (sal de "Candlot"). No caso de obras expostas à água do mar, o sulfato de magnésio sobre a cal liberada pela hidratação dos silicatos fornece progressivamente o sulfato de cal necessário à formação do "sal de Candlot". Esse composto, acumulado nos poros da massa, provoca, com o aumento do volume aparente dos microcristais, a expansão e o esfacelamento da estrutura.

C4AF – O ferroaluminato tetracálcico dá ao cimento pequeno calor de hidratação e certa velocidade de hidratação. Possui considerável estabilidade química, embora sua resistência seja muito pequena. A presença de maior porcentagem de óxido férrico na composição química do cimento determina um acréscimo do ferroaluminato tetracálcico e atenua a quantidade de aluminato tricálcico, como se pode verificar no estudo das fórmulas de Bogne:

$$C4AF = 3{,}04 \times \%\ Fe_2O_3$$

$$C3A = 2{,}65 \times \%\ Al_2O_3 - 1{,}69 \times Fe_2O_3$$

O C4AF ocorre no cimento Portland comum numa porcentagem de 5 a 10 %.

1.7 Parâmetros Químicos

Os parâmetros químicos oferecem uma visão rápida das características químicas do cimento mediante a relação de seus componentes principais.

1.7.1 Módulo Sílica

O módulo sílica é a relação em porcentagem entre a quantidade de sílica e a soma das quantidades de alumina e de óxido férrico.

$$M.S. = \frac{SiO_2}{Al_2O_3} + Fe_2O_3$$

O módulo sílica indica se o cimento é rico ou pobre em sílica. O aumento de M.S. determina, durante o cozimento, uma diminuição da porcentagem de líquido formado em cada temperatura, enquanto a quantidade potencial de silicato tricálcico aumenta.

Um M.S. médio possui valores que oscilam entre 2,0 e 2,5; num M.S. elevado, os valores vão de 2,5 a 3,5, enquanto o M.S. baixo tem valores compreendidos entre 1,7 e 2,0.

1.7.2 Módulo Aluminoférrico

O módulo aluminoférrico, também chamado módulo de fundentes, expressa a relação entre a quantidade de alumina e a quantidade de óxido férrico.

$$M.F. = \frac{Al_2O_3}{Fe_2O_3}$$

Se o módulo aluminoférrico aumenta, durante a clinquerização a porcentagem de líquido diminui, bem como a quantidade potencial de silicato tricálcico.

1.7.3 Índice de Hidraulicidade

O endurecimento dos aglomerantes hidráulicos se deve à hidratação dos compostos de sílica e de alumina, e a hidraulicidade é uma função desses elementos. Segundo Vicat, a relação de hidraulicidade é dada por:

$$N = \frac{SiO_2 + Al_2O_3}{CaO + MgO}$$

1.8 Teoria do Endurecimento

O cimento é anidro, porém, posto em contato com a água, tem início a hidratação dos compostos, formando uma solução supersaturada instável com a precipitação dos excessos insolúveis.

A consolidação da pasta pode ser separada em duas fases:

1ª) do início ao fim da pega;

2ª) endurecimento da massa.

Na primeira fase, a pasta resultante da adição de água ao cimento, a princípio plástica, perde sua plasticidade e se torna mais ou menos friável. Na segunda fase, a consolidação prossegue, a dureza aumenta e a massa adquire condições de resistência a certa impermeabilidade.

A pega e o endurecimento do cimento encontram explicação em teorias baseadas no estado coloidal e nas reações dos compostos do cimento ao se hidratarem.

1.8.1 Coloides

Os coloides são substâncias num estado particular de subdivisão, com dimensões compreendidas entre o tamanho molecular e o visível ao microscópio. Essas partículas extremamente pequenas, portanto com uma superfície específica extraordinariamente grande, permanecem em suspensão no líquido durante tempo ilimitado, e, ao contrário das soluções químicas, são retidas por membranas quando submetidas à filtração.

Se essas partículas se conservam juntas por meio de alguma força mecânica, o sistema é chamado "gel". Assim, o "gel" é uma massa compacta formada por partículas coloidais.

O endurecimento hidráulico se baseia na formação de um coloide mineral. No interior de um sólido existe uma atração recíproca das moléculas, enquanto na superfície a força de atração é neutralizada e tende a atrair outras substâncias. A grande superfície específica da substância coloidal, quando no interior de um líquido, exerce correspondentemente grande atração sobre as moléculas do líquido, que são atraídas e absorvidas, perdendo sua mobilidade e tendendo a uma rigidez.

1.8.2 Produto da Hidratação

Ao se adicionar água ao cimento, são produzidas diversas reações. As composições químicas dos produtos da hidratação são as seguintes:

- produto da reação do C3S com a água:

$$2(3CaO{\cdot}SiO_2) + 6H_2O \Rightarrow 3CaO{\cdot}2SiO_2{\cdot}3H_2O + 3Ca(OH)_2$$

- produto da reação do C2S com a água:

$$2(2CaO{\cdot}SiO_2) + 4H_2O \Rightarrow 3CaO{\cdot}2SiO_2{\cdot}3H_2O + Ca(OH)_2$$

- produto da reação do C3A com a água:

$$3CaO{\cdot}Al_2O_3 + H_2O \Rightarrow 3CaO{\cdot}Al_2O_3{\cdot}6H_2O$$

- produto da reação do C4AF com a água:

$$4CaO{\cdot}Al_2O_3{\cdot}Fe_2O_3 + 2Ca(OH)_2 + 10H_2 \Rightarrow 3CaO{\cdot}Al_2O_3{\cdot}6H_2O + 3CaO{\cdot}Fe_2O_3{\cdot}6H_2O$$

Considerando-se os pesos moleculares respectivos, verifica-se que:

- 100 partes de C3S se combinam com 24 partes de água, obtendo-se 75 partes de $2CaO{\cdot}2SiO_2{\cdot}3H_2O$ e 49 partes de hidróxido de cálcio;
- 100 partes de C2S se combinam com 21 partes de água, obtendo-se aproximadamente 100 partes de $3CaO{\cdot}2SiO_2{\cdot}3H_2O$ e 21 partes de hidróxido de cálcio. O silicato dicálcico totalmente hidratado produz, em peso, cerca de 18 % de hidróxido de cálcio.

O composto $3CaO{\cdot}2SiO_2{\cdot}3H_2O$ (dissilicato tricálcico hidratado), formado pela hidratação do C3S e do C2S, é um "coloide mineral".

- 100 partes de C3A se combinam com 40 partes de água, produzindo aluminato tricálcico hidratado.
- 100 partes de C4AF se combinam com 37 partes de água, consumindo ainda cerca de 30 partes de hidróxido de cálcio que se produziram durante a hidratação dos silicatos cálcicos.

As reações dos componentes aluminosos se completam quando se considera o efeito do gesso colocado durante a moagem do clínquer. Sobre o aluminato tricálcico, o sulfato de cal reage produzindo sulfoaluminato de cálcio.

$$3CaO \cdot Al_2O_3 + 3CaSO_4 + 31H_2O \Rightarrow 3CaO \cdot Al_2O_3 \cdot 3CaSO_4 \cdot 31H_2O$$

O sulfato cálcico reagindo com o aluminato tricálcico produz o retardamento do início da pega do cimento Portland.

1.8.3 Processo de Endurecimento

A pasta pura de cimento Portland é um composto de cimento, água e ar. A água ocupa os espaços vazios entre os grãos de cimento. O ar fica contido em bolhas esféricas de diâmetro milimétrico. O cimento e a água formam um sistema sólido-líquido, o qual é instável. O sólido é composto, esquematicamente, de três tipos de grãos. Os grãos maiores possuem contorno irregular e são policristalinos. Os grãos médios são poli ou monocristalinos. Os mais finos (provavelmente monocristalinos) escapam à observação mesmo com microscópio, e são os responsáveis pela formação do gel do cimento.

O campo de investigações a respeito da hidratação do cimento é bastante amplo, e são múltiplas as técnicas aplicadas para a determinação de como se dá tal hidratação. O exame com microscópio ótico é uma delas.

O exame ao microscópio, feito em seções polidas ou em finas lâminas, com luz refletida, de uma pasta de cimento no decurso de sua hidratação mostra que o fenômeno consiste em:

- uma absorção progressiva dos grãos anidros;
- formação de uma fase hidratada;
- deposição dos cristais de hidróxido de cálcio $Ca(OH)_2$.

Ao misturar o cimento com a água, inicia-se a reação química. A água se satura de hidróxido de cálcio. O silicato tetracálcico vai passando em solução, dentro da qual se desagrega rapidamente. O dissilicato tricálcico hidratado ($3CaO \cdot 2SiO_2 \cdot 3H_2O$) vai se separando em forma de gel, enquanto o hidróxido de cálcio se cristaliza gradualmente. A água absorve dos grãos de cimento certas quantidades de álcalis (principalmente em forma de sulfatos), enquanto os aluminatos são precipitados pelo gesso que havia se dissolvido e dessa forma constitui o aluminato de cálcio insolúvel.

Os grãos de clínquer são envolvidos pelo gel, que forma um filtro coloidal. A formação de microcristais de dissilicato tricálcico hidratado ($3CaO \cdot 2SiO_2 \cdot 3H_2O$) se desenvolve na superfície dos grãos e nos espaços capilares cheios de água. Depois de 24 horas da formação da pasta, os espaços capilares se mostram consideravelmente cheios de partículas de cal, e com a idade de 28 dias o gel toma completamente o espaço capilar de forma densa, formando uma ligação entre os grãos, unindo-os em sua superfície de contato. O gel de sílica, formado durante a hidratação, é um gel rígido irreversível, e uma vez formado não dilui em excesso de água. O endurecimento se dá, inicialmente, pela expulsão da água por sinérese, com a contração do gel até o ponto de opacidade, quando cessa o processo de retração e o gel toma a forma final estável com o aspecto de massa dura e vítrea, num processo irreversível. Com o tempo, as partículas coloidais crescem e tendem para a formação de cristais.

1.9 Características Físicas e Mecânicas do Cimento Portland

As características físicas e mecânicas mais importantes do cimento são: finura, peso específico, pega, expansibilidade e resistência mecânicas.

1.9.1 Finura

No exame do cimento ao microscópio, durante a hidratação, verifica-se que nos grãos de clínquer se distinguem duas partes: uma parte central, anidra, formada pelos minerais do clínquer; e uma parte periférica intermediária entre o gel e a parte anidra. Isso decorre do fato de que os grãos de cimento colocados em contato com a água se hidratam somente a uma profundidade da ordem de 0,01 mm. Daí se conclui que os grãos não podem ser muito grossos, pois o rendimento seria pequeno e haveria um núcleo inerte que poderia afetar as condições de endurecimento. Quanto maior for a finura dos grãos, maior será a quantidade de gel que se forma, resultando maior a resistência inicial.

Porém, como a ação recíproca dos minerais do clínquer com a água deve desenvolver-se mediante a difusão do gel, uma grande quantidade de gel que se origine rapidamente em virtude de grande superfície específica (devido à finura) terá efeito inibidor, retardando o progresso da hidratação.

A eficiência de uma elevada finura se verifica durante os primeiros tempos, porém, posteriormente o efeito se perde e a resistência é praticamente a mesma de um cimento de grãos mais grossos.

A presença de grãos maiores se torna interessante quando ocorre o aparecimento de fissuras. Essas fissuras podem fechar-se automaticamente, desde que exista água em quantidade suficiente para atuar nas novas superfícies dos grãos de cimento, que ficaram expostas ao se abrir a fissura, e que, assim, irão constituir novo acesso ao processo de hidratação.

1.9.2 Peso Específico

O peso específico real do cimento Portland varia entre 3,0 e 3,2 g/cm³. O peso específico aparente é muito variável, dependendo do grau de adensamento do cimento. Para o caso do cimento sem adensamento, o peso específico aparente é da ordem de 1,2 g/cm. O peso específico do cimento tem grande importância no proporcionamento da mistura do concreto em peso e volume.

1.9.3 Pega

No processo de hidratação do cimento se distinguem diversas fases de importância no que se refere ao seu emprego, quer seja no lançamento do concreto ou na continuação da obra, quando se exige certa resistência da parte já executada. Essas fases não são totalmente diferenciadas, motivo pelo qual se estabeleceu, arbitrariamente, uma diferença que serve para definir os estados de endurecimento do cimento. Convencionalmente, o processo de endurecimento se dá em três fases: a primeira fase é a que vai desde o momento em que se adiciona água ao cimento até o que se chama "início de pega", ou seja, quando a pasta de cimento oferece certa resistência à penetração da agulha de Vicat; a segunda fase é a que vai desde o "início da pega" até o "fim da pega", ocasião em que a agulha de Vicat não pode mais penetrar na pasta de cimento, pois o endurecimento deu à pasta rijeza suficiente para suportar a pressão da agulha; a terceira fase é a do endurecimento após o fim da pega.

As teorias mais atuais a respeito da pega admitem uma hidratação seletiva, de modo que o início da pega é produzido pela hidratação do aluminato tricálcico, e o fim da pega, pelo início da decomposição do silicato tricálcico.

Para regularizar o tempo de pega e frear a grande velocidade de hidratação do C3A, adiciona-se gesso ao clínquer durante a moagem. O sulfeto cálcico do gesso ataca prontamente o aluminato tricálcico, traduzindo em considerável retardo da pega, com a formação do sulfoaluminato de cálcio insolável.

É importante que o cimento não inicie a pega muito rapidamente, de modo a permitir um lançamento cuidadoso, assim como se torna interessante que atinja num certo tempo a resistência necessária para o prosseguimento da obra.

1.9.4 Expansibilidade

A expansibilidade do cimento é uma variação volumétrica decorrente da hidratação, com o aumento de volume da massa. A principal causa da expansibilidade decorre do calor que se desenvolve quando a cal livre contida no cimento Portland se transforma em hidróxido de cálcio – $Ca(OH)_2$, ou quando ocorre a hidrólise dos silicatos, com a formação do dissilicato hidratado e do hidróxido de cálcio. Também o aluminato tricálcico é responsável pelo aumento de temperatura, que ocorre como consequência de sua reação com a água.

O desenvolvimento de calor depende da quantidade dos compostos que constituem o cimento. A dissipação depende do volume da massa, pois em grande volume há dificuldade de difusão de calor.

O calor de hidratação de cada um dos compostos do cimento é apresentado no Quadro A.4.

Quadro A.4 Calor de hidratação

COMPOSTO	cal/gr
C3S	120
C2S	62
C3A	207
C4AF	100

Os dados referentes ao calor de hidratação dos compostos servem como base para a estimativa da quantidade de calor que se desenvolve durante o processo de hidratação do cimento, devendo ser considerado em relação ao tempo, ou seja, o desenvolvimento de calor por unidade de tempo. De acordo com a constituição química do cimento, o calor desenvolvido durante certo tempo é dado no Quadro A.5. O calor desenvolvido durante o período de início ao fim de pega corresponde a 1/10 até 1/15 do calor total de hidratação. O calor desenvolvido nessa ocasião é igual a várias vezes o calor desenvolvido posteriormente, se for considerado em unidades de calor por unidade de tempo.

Quadro A.5 Desenvolvimento de calor por unidade de tempo

IDADE (DIAS)	cal/gr
3	40 a 90
7	45 a 100
28	60 a 110
90	70 a 115

O aumento de temperatura ocasiona dilatações na massa, gerando esforços nos quais o concreto cede em virtude de sua fluidez. Ao resfriar-se, ocorre a retração, ocasionando esforços de tração, nos quais o concreto apresenta pequena resistência, dando-se a desintegração do produto e o aparecimento de fissuras, com consequente diminuição da resistência mecânica e da impermeabilidade do concreto. A essa retração por resfriamento se soma a retração devida ao fenômeno de diminuição volumétrica decorrente da aproximação dos grãos de cimento, pois a evaporação envolve os grãos num sistema capilar, possibilitando que o esforço de atração entre as partículas se exerça mais livremente, tendendo a unir os grãos.

1.9.5 Resistências Mecânicas

A determinação da resistência mecânica é empregada como método rápido para se avaliar outras propriedades da pasta de cimento e dos concretos, e se usa como medida de qualidade, existindo boa relação entre a resistência e as demais propriedades, como a durabilidade e a impermeabilidade.

O concreto resiste bem aos esforços da compressão. Sua resistência aos esforços de tração é pequena, e sua resistência será tanto maior quanto for a resistência do cimento empregado na mistura.

2. FATORES QUE AFETAM A RESISTÊNCIA DO CIMENTO

A resistência oferecida pelo endurecimento decorrente da adição de água ao cimento depende da constituição da pasta e, principalmente, da porosidade do produto.

2.1 Porosidade

Da adição de água ao cimento resulta um conjunto formado por grãos entre os quais existem espaços cheios de água e ligados entre si. Essa água que envolve os grãos é chamada água capilar, e sua quantidade, para completa hidratação do cimento Portland, é da ordem de 25 % da quantidade de cimento, em peso. Ao combinar-se quimicamente, a água adicionada ao cimento perde cerca de ¼ de seu volume, deixando vazios que se somam aos da água perdida por evaporação. Esses vazios são chamados poros capilares.

Os produtos da hidratação do cimento estão formados por uma massa homogênea e compacta que é o gel do cimento. Em função da facilidade de evaporação da água do gel, formam-se nele espaços vazios finamente subdivididos, chamados poros do gel.

Os alvéolos formados pela somatória dos poros capilares e poros do gel determinam a porosidade total da pasta de cimento e reduzem sua resistência. Assim, a resistência final da pasta é uma decorrência da porosidade, e esta depende quase que exclusivamente da quantidade de água adicionada ao cimento.

2.2 Relação Água-Cimento

A relação água-cimento (a/c) que resulta da divisão da quantidade de água pela quantidade de cimento, ambas expressas em peso, e referentes às quantidades adicionadas à mistura, dá indicação da resistência decorrente do endurecimento, a qual se reduz conforme aumenta a relação a/c. Conclui-se, portanto, que a água a ser adicionada à pasta deve ser necessária somente para que se dê a hidratação completa dos grãos. O excesso de água adicionada ao concreto deve ser a suficiente para dar trabalhabilidade à massa, independendo do traço e variando somente de acordo com a graduação do agregado.

Considerando que os cálculos da quantidade de água quimicamente combinada com o cimento se baseiam em hipóteses, torna-se difícil uma determinação analítica partindo-se das fórmulas estequiométricas. Aproximadamente, considera-se combinada quimicamente a água que não se expulsa da mistura à temperatura de 105 °C. Essa determinação é feita verificando-se a perda ao fogo de uma mistura submetida previamente à temperatura de 105 °C. Comparando-se a perda ao fogo assim obtida com a perda ao fogo do cimento original, resulta, com certa aproximação, o correspondente à água quimicamente combinada. Os valores obtidos experimentalmente em pasta de cimento perfeitamente endurecida correspondem a 25 % do peso do cimento, para a água quimicamente combinada.

A velocidade de endurecimento, ou seja, o tempo necessário para que a massa atinja sua resistência final, depende, de um lado, da composição química e da finura do cimento e, de outro, das condições de cura (umidade e temperatura durante o processo de endurecimento).

2.3 Composição Química

A influência da composição química do cimento Portland sobre a velocidade de hidratação e o correspondente desenvolvimento da resistência oferecida pelo endurecimento através do tempo é bastante grande. Porém, a composição química exerce influência secundária no valor da resistência final. Em geral a resistência final é um pouco maior nos cimentos com maior teor de C2S, em virtude da maior produção de dissilicato tricálcico hidratado coloidal e menos hidróxido de cálcio macrocristalino que o produzido pelo C3A.

O exame comparativo sobre o processo de endurecimento, verificando-se a resistência em diversas idades de cimentos de diferentes composições químicas, mostra que o aluminato tricálcico (C3A) contribui notavelmente com o endurecimento nas primeiras idades, convertendo-se depois em fator negativo; o silicato tricálcico (C3S) tem grande influência no endurecimento, até a idade de um mês, enquanto no silicato dicálcico (C2S) a tendência ao aumento da resistência se faz notar até a idade de um ano, quando o crescimento é aproximadamente da mesma ordem de grandeza que o C3S. O ferroaluminato tetracálcico (C4AF) não exerce grande influência no desenvolvimento do endurecimento.

2.4 Finura

É sabido que uma determinada quantidade de matéria que se subdivide em partículas cada vez menores adquire uma superfície específica proporcionalmente maior. No caso do cimento, quanto maior for o índice de moagem do clínquer, maior será a superfície que ficará exposta à água, ocasionando maior facilidade à formação do gel, resultando maior resistência inicial.

2.5 Condições da Água

A influência do meio em que se dá o processo de hidratação é bastante grande no que diz respeito ao endurecimento hidráulico, com consequências na resistência. Um dos fatores que influem no incremento da resistência com o tempo é a umidade. Desde que existam condições que contribuam para a hidratação continuada dos grãos do cimento, a resistência pode aumentar durante longo tempo, dependendo quase exclusivamente da água disponível para completar a hidratação. As condições de umidade podem ser mantidas com a rega constante da água sobre o concreto, com o uso de uma membrana de compostos químicos para a retenção da água ou com a aplicação de vapor de água.

Outro elemento de grande influência nas condições de endurecimento das pastas de cimento é a temperatura. As temperaturas elevadas aumentam a demanda de água e aceleram a hidratação. As temperaturas muito baixas tornam o endurecimento mais lento e podem ocasionar danos consideráveis, provocando a desintegração do produto. A temperatura do concreto, durante o lançamento nas fôrmas e na cura, deve ser limitada entre um máximo de 30 °C e um mínimo de 5 °C. O grau de hidratação, em face da temperatura ambiente, pode ser determinado pela fórmula empírica de Saúl:

$$R = at \cdot (at + 10)$$

em que:
at = tempo considerado a uma temperatura "t";
t = temperatura ambiente em °C;
R = grau de hidratação.

Determinando-se o grau de hidratação para certo tempo, a uma temperatura conhecida, é possível calcular o tempo necessário para que se dê o mesmo grau de hidratação variando a temperatura. Analisando a fórmula, verifica-se que o decréscimo de temperatura exige um tempo maior para a hidratação, e a uma temperatura de −10 °C não se desenvolve reação alguma e o progresso do endurecimento é nulo.

3. Aditivos

O tema sobre aditivos é muito complexo, dados a variedade de produtos e o condicionamento de sua eficácia às características específicas do cimento.

Foi visto, durante o estudo dos fatores que influenciam na resistência mecânica do concreto, que a porosidade é um aspecto de grande importância. A densidade da pasta de cimento, bem como o fato de se formar uma grande superfície cristalina responsável pelo aparecimento do gel de cimento, e, ainda, a intensidade da reação de hidratação e o desenvolvimento de calor, principais responsáveis pela porosidade, foram os pontos básicos que conduziram os pesquisadores ao desenvolvimento de aditivos que modificassem algumas características naturais do cimento, exercendo certo controle nos fenômenos de hidratação.

Os aditivos podem ser classificados em quatro grupos:

1) substâncias de ação química que modificam a velocidade de reação do cimento, servindo como aceleradores ou retardadores;

2) substâncias que são químico-físico-tensoativas, que diminuem a proporção de água necessária na mistura do concreto, agindo como plastificadores;
3) agentes incorporadores de ar;
4) aditivos impermeabilizantes.

As substâncias que modificam a velocidade de reação química na fase inicial da hidratação agem facilitando ou bloqueando a dissolução da cal e da alumina nos aluminatos.

Os aditivos incorporadores de ar e redutores de água são tensoativos. Suas moléculas dissolvidas em água formam íons compostos de uma cadeia de carbono com uma parte sem carga elétrica e outra carregada eletricamente. A água age com dipolos que atraem a parte eletricamente carregada do tensoativo.

3.1 Aceleradores

Os aceleradores são produtos químicos que encurtam o tempo de hidratação. A maioria dos aceleradores tem como base o cloreto de cálcio ($CaCl_2$), que ativa energicamente o endurecimento inicial, sem prejudicar fundamentalmente a resistência final.

A quantidade de cloreto de cálcio adicionada não deve passar de 2 % em relação à quantidade de cimento em peso. Quantidades maiores produzem um endurecimento rápido com possibilidades de atacar a ferragem, principalmente quando se trata de concreto pré-comprimido.

Existem, contudo, aceleradores que não oferecem dificuldades em razão de seus componentes básicos.

3.2 Retardadores

Um aditivo retardador faz com que o processo de hidratação se faça mais lentamente. A elevada temperatura do concreto recém-preparado – 29 °C a 30 °C – frequentemente acelera o endurecimento, dificultando o lançamento e o acabamento do concreto. O emprego de retardadores é feito particularmente em obras em que seja especialmente importante evitar juntas de concretagem, ou quando a distância a ser percorrida desde o local de preparação (centrais de concreto) até o local de lançamento seja considerável.

3.3 Redutores de Água

O aditivo redutor de água diminui a quantidade de água necessária para produzir um concreto com determinada resistência. Esse tipo de aditivo age por adsorção na partícula de cimento, ocasionando uma dispersão delas em virtude de fenômenos referentes a cargas elétricas iguais, as quais se repelem. Assim, as partículas de cimento, que se tornam "hidrófilas", atraem a água, em face da maior dispersão, ocasionando uma economia de água com maior trabalhabilidade.

Os redutores de água geralmente produzem um aumento na resistência, pois quando é diminuída a quantidade de água para uma determinada mistura, e são mantidas as mesmas quantidades de cimento e agregados, há uma redução no fator água-cimento.

3.4 Incorporador de Ar

O cimento com ar incorporado contém bolhas de ar diminutas distribuídas uniformemente na pasta. A principal vantagem desse tipo de aditivo é o fato de tornar o concreto mais trabalhável, além de reduzir os riscos de danos das concretagens em tempo frio. As bolhas de ar aderem às partículas de cimento mais viscoso, pois a superfície específica do material sólido por volume unitário de água é aumentada pela presença de bolhas. Com isso, há uma redução na quantidade de água na pasta, resultando maior resistência. Porém, em excesso, pode ocasionar uma diluição muito grande, reduzindo a resistência do concreto.

3.5 Impermeabilizantes

Geralmente, consegue-se boa impermeabilidade quando são melhoradas as condições de execução do concreto, obtendo-se uma homogeneidade da massa e uma relação água-cimento não muito elevada, de modo a não se produzir grande porosidade. Os aditivos impermeabilizantes são normalmente repelentes à água, diminuindo a força capilar que facilita a passagem da umidade através do concreto.

Figura A.1 Sequência da fabricação do cimento.

GLOSSÁRIO DE TERMOS TÉCNICOS

A

Abóbada — Cobertura encurvada de teto côncavo. Do ponto de vista da geometria, a abóbada tem origem em um arco que se desloca e gira sobre o próprio eixo, cobrindo toda a superfície do teto. As abóbadas variam de acordo com a forma do arco de origem.

Acabamento — Arremate final da estrutura e dos ambientes da casa, feito com os diversos revestimentos de pisos, paredes e telhados.

Acesso — Qualquer meio de entrar e sair de um ambiente, terreno, rampa, escada ou corredor.

Aclive — Quando o terreno se apresenta em subida em relação à rua considerada de baixo para cima.

Adensamento — Processo manual ou mecânico para compactar a mistura de concreto no estado fresco com o objetivo de eliminar vazios internos da mistura (bolhas de ar) ou facilitar a acomodação do concreto no interior das fôrmas.

Afastamento — Distâncias entre as faces da construção e os limites do lote.

Agregado — Material mineral (areia, brita etc.) ou industrial que entra na preparação do concreto para lhe conferir trabalhabilidade.

Agregado leve — Material mineral composto por argila expandida e de peso específico menor que o da água. O agregado leve flutua na água.

Alicerce — Maciço de alvenaria enterrado que recebe a carga das paredes da construção.

Aprumar — Acertar a verticalidade de paredes, colunas ou esquadrias por meio do chamado fio de prumo.

Aterro — Colocação de terra ou entulho para nivelar uma superfície irregular do terreno.

B

Balanço — Prolongamento para além do apoio de parte de uma estrutura, como uma viga ou uma laje.

Balaústre — Pequena coluna ou pilar em metal, madeira, pedra ou alvenaria que, alinhada lado a lado, sustenta corrimãos e guarda-corpos.

Balcão — Elemento em balanço, na altura de pisos elevados, disposto diante de portas e janelas. É protegido com grades ou peitoril.

Baldrame — Designação genérica de vigas de concreto armado que correm debaixo do piso para a sustentação das paredes do pavimento térreo.

Banzo — Nome dado para as abas das vigas metálicas, superior ou inferior nas vigas T ou I.

Beiral — Prolongamento do telhado para além da parede externa, protegendo-a da ação das chuvas.

Betoneira — Máquina que mistura as argamassas e é usada para o preparo do concreto.

Bloco — Edifícios que constituem um só conjunto construído.

Bloco cerâmico — Tijolo de barro utilizado para a execução das paredes como elemento de vedação. Pode ter função estrutural, caso no qual é prensado para adquirir maior resistência.

Bloco de concreto — Elemento de dimensões padronizadas. Tem função estrutural ou decorativa, cuja qualidade geralmente é melhor que o de cerâmica ou barro.

Bloco de coroamento de estacas — Bloco de concreto armado de ligação entre estacas para a distribuição de cargas nas cabeças de estacas.

Bloco sílico-calcário — Bloco com função estrutural.

Braçadeira — Peça metálica que, normalmente, segura as vigas ou tesouras do madeiramento. Também fixa peças, como tubos, em paredes.

Brita — Pedra fragmentada. Fragmentos de pedra de dimensões padronizadas usados na concretagem. Dependendo de seu diâmetro máximo, é classificada de 0 a 4, da menor para a maior.

C

Caderno de encargos — Conjunto de especificações técnicas, critérios, condições e procedimentos estabelecidos pelo contratante para a contratação, execução, fiscalização e controle dos serviços e obras.

Caiar — Pintar com cal diluída em água.

Caibro — Peça de madeira nos telhados, geralmente de seção próxima ao quadrado, que assenta nas terças e sustenta as ripas de telhados.

Caixa de escada — Espaço, em sentido vertical, destinado à escada.

Cal — Material indispensável à preparação das argamassas. É obtida a partir do aquecimento da pedra calcária a temperaturas próximas de 1000 °C.

Calafetar — Vedar fendas e pequenos buracos. Serve ainda para vedar as formas de concretagem para evitar a perda da água com cimento contida no concreto, afetando o fator água-cimento.

Cálculo estrutural — Cálculo que estabelece a dimensão e a capacidade de sustentação dos elementos básicos de uma estrutura, que pode ser de concreto armado, de estrutura metálica, de madeira ou de outros materiais.

Calefação — Qualquer sistema de aquecimento para interiores.

Calha — Duto aberto que recebe as águas da chuva e as leva aos condutores verticais.

Cambota — Molde de madeira com meia-volta usado na confecção dos arcos.

Cantaria — Pedra esquadrejada usada para edificar, construir muros ou casas.

Canteiro de obra — Local da construção no qual se armazenam os materiais e se realizam os serviços auxiliares durante a obra.

Cantoneira — Peça em forma de L que remata quinas ou ângulos de paredes.

Capa — Camada de concreto aplicada para proteger a ferragem dos elementos de concreto armado.

Carga concentrada — Carga aplicada em determinado ponto da estrutura.

Carga distribuída — Carga aplicada ao longo do elemento estrutural.

Cargas acidentais — Cargas que podem atuar sobre a estrutura de edificações em função do seu uso (pessoas, móveis, veículos e materiais diversos).

Cargas permanentes — Peso de todos os elementos construtivos fixos e instalações permanentes, tais como revestimentos, pisos, enchimentos, concretos, paredes divisórias e outras.

Chapiscar — Lançar argamassa de cimento e areia grossa contra a superfície para torná-la áspera.

Chumbar — Fixar com cimento ou argamassa.

Cimento — Aglomerante obtido a partir do cozimento de calcários naturais ou artificiais. Misturado com água, forma um composto que endurece em contato com o ar. O cimento de uso mais frequente é o Portland, cujas características são resistência e solidificação em tempo curto.

Cinta de amarração ou cintamento — Sucessão de vigas situadas nas paredes perimetrais das construções, visando tornar mais solidárias entre si as paredes concorrentes.

Coluna — Elemento estrutural de sustentação, quase sempre vertical. Ao longo da história da arquitetura, assumiu as formas mais variadas e diversos ornamentos. Esses elementos aparecem inicialmente nas colunas dóricas e jônicas dos templos gregos.

Concreto — Mistura de água, cimento, areia e pedra britada em proporções prefixadas, que forma uma massa compacta que endurece ou ganha pega com o tempo.

Concreto armado — Quando a massa recebe armaduras de aço, chamadas de vergalhões, para aumentar sua resistência no que se refere a esforços de tração.

Console — Elemento em balanço na parede para servir de apoio às sacadas.

Contrapiso — Camada, com cerca de 3 a 5 cm de massa de cimento e areia, que nivela o piso antes da aplicação do revestimento.

Contraventamento — Estrutura auxiliar organizada para resistir a solicitações extemporâneas que podem surgir nos edifícios. Sua principal função é aumentar a rigidez da construção, permitindo-a resistir à força dos ventos.

Contraverga — Viga de concreto usada sob a janela para evitar a fissuração da parede.

Corrimão — Apoio para a mão colocado ao longo das escadas.

Corte — Desenho que apresenta uma construção sem as paredes externas, deixando à mostra uma série de detalhes como: pé-direito, divisões internas, comprimentos, escadas etc.

Cota — Toda e qualquer medida expressa em plantas arquitetônicas.

Croqui — Primeiro esboço de um projeto arquitetônico.

Cúpula — Parte superior interna e externa de algumas construções. Uma curiosidade das cúpulas é o aparecimento do óculo, abertura no seu ponto mais alto que permite a entrada de luz e que, muitas vezes, conta com uma pequena edícula, chamada lanterna ou lanternim. Outra curiosidade é que, normalmente, as cúpulas são duplas, ou seja, é feita uma cúpula interna, oca, e outra externa, encarregada da proteção da construção.

Cura — Ação que garante água suficiente para que todo o processo de reação química do cimento se complete. Se o concreto não for curado, ficará sujeito a fissuras em sua superfície.

D

Deck — Piso em madeira ripada, geralmente para circundar piscinas, banheiras e represamentos de água ou servir de palco criando desnível.

Declive — Quando o terreno se apresenta em subida em relação à rua.

Demão — Cada uma das camadas de tinta ou qualquer outro líquido aplicado sobre uma superfície qualquer.

Desaterro — Local de onde se retirou um volume de terra; desterro.

Descimbramento — Retirada do escoramento e das fôrmas.

Desempenadeira — Instrumento de pedreiro, em madeira ou metal acrílico, usado para distribuir e aplainar a massa sobre as paredes.

Desgaste — Efeito causado nas superfícies pelo movimento de pessoas ou objetos.

Drenagem — Escoamento de águas por meio de tubos ou valas subterrâneas, chamados de drenos.

Dry-wall — Sistema no qual as paredes são executadas com gesso acartonado impermeável e perfis metálicos, gesso cujo papel utilizado é verde, e perfis metálicos.

Duto — Tubo que conduz líquidos (canos), fios (condutores) ou ar.

E

Edícula — Construção complementar à principal, na qual, geralmente, ficam instalados a área de serviços, as dependências de empregados ou o lazer.

Edificação — Obra, construção, estrutura feita para determinada finalidade.

Elemento vazado — Peça produzida em concreto, cerâmica ou vidro, dotada de aberturas que possibilitam a passagem do ar e luz para o interior da casa.

Elevação — Representação gráfica das fachadas em plano ortogonal, ou seja, sem profundidade ou perspectiva.

Emboço — Primeira camada de argamassa nas paredes. É feito com areia grossa, não peneirada.

Empena — Cada uma das faces dos frontões, paredes laterais nas quais se apoiam os extremos da cumeeira do telhado de duas águas.

Empreitada — Contrato pelo qual uma das partes se obriga em relação à outra a realizar qualquer tipo de obra ou serviço, sendo tratado que recebem para executar aquela tarefa e o pagamento fica preestabelecido apenas ao término da tarefa a 100 %. É fixado o prazo com tal objetivo acordado entre as partes.

Engastado — Encaixado, embutido.

Ensaio de abatimento — Ensaio realizado de acordo com a norma técnica para determinação da consistência do concreto e que permite verificar se não há excesso ou falta de água no concreto.

Esforço cortante — Esforço transversal ao eixo da peça que pode ocasionar seu cisalhamento.

Estaca Strauss — Quando a perfuração no terreno é feita com um tubo de 75 cm e após, é lançado concreto para encher o furo. Esse tipo de estaca deve ser cravado em uma profundidade até encontrar terreno firme.

Estaiar — Segurar e manter firme com "estai", emprego de um cabo ou vergalhão esticado que permite equilibrar uma torre ou elemento vertical em pé na obra.

Estribo — No concreto armado, são as alças de ferro redondo colocadas transversalmente à armadura longitudinal, espaçadas ao longo das vigas, objetivando absorver os esforços cortantes. Nos pilares, são destinados a solidarizar a ferragem. Tem esse nome também a peça de ferro batido que une o pendural das tesouras ao tirante.

Estrutura — Conjunto de elementos que forma o esqueleto de uma obra e sustenta o peso de paredes, telhado e pisos.

Estudo preliminar — Busca da viabilidade de uma solução que dá diretriz e orientações à elaboração do anteprojeto.

Estuque — Massa à base de cal e gesso e água, usada para fazer forros.

F

Fachada — Cada uma das faces de qualquer construção, a de frente é denominada fachada principal, e as demais: fachada posterior ou fachada lateral.

Ferreiro — Profissional responsável pelo corte e pela armação dos ferros dos elementos estruturais de uma construção.

Fiada — Fileira horizontal de pedras ou de tijolos de mesma altura que entram na formação de uma parede.

Fissura — Corte ou trinca superficial no concreto ou na alvenaria.

Flanco — Parte lateral da construção.

Flecha — Deformação devida ao deslocamento perpendicular de seção da estrutura construída. Usa-se aplicar a contraflecha antes da concretagem, de modo a melhorar o aspecto da peça estrutural em lajes e vigas.

Flexão — Esforço físico em que a deformação ocorre perpendicularmente ao eixo do corpo, paralelamente à força atuante. A linha que une o centro de gravidade de todas as seções transversais constitui o eixo longitudinal da peça, que está submetido a cargas perpendiculares. Este elemento desenvolve em suas seções transversais um esforço que gera momento fletor.

Fôrma — Elemento montado na obra para fundir o concreto, dando formas definitivas aos elementos estruturais de concreto armado, que irão compor a estrutura da construção. Em geral, são de madeira ou de metal.

Fundação — Conjunto de estacas e sapatas responsável pela sustentação da obra.

Fuste — Parte intermediária de uma coluna, entre a base e o capitel.

G

Gabarito — Marcação feita com fios nos limites da construção antes do início das obras. O encontro de dois fios demarca o lugar dos pilares. É feito baseado no trabalho do topógrafo, planialtimetria, nível de referência etc. Também chamada assim a peça que é executada geralmente em compensado ou papel grosso, no qual é marcada a forma exata que a futura peça irá ter no local, ou irá se encaixar.

Galgar — Alinhar, levantar, alçar, endireitar, desempenar; fazer com que uma régua, uma tábua ou um vão (porta ou janela) tenham seus lados perfeitamente paralelos.

Galpão — Depósito. Construção que tem uma das faces aberta.

Gesso — Pó de sulfato de cálcio que, misturado à água, forma uma pasta compacta, usada no acabamento de tetos e paredes.

Gesso acartonado — Painéis de gesso revestido por papel-cartão com espessura, em geral, de 12 mm.

Granito — Rocha cristalina formada por quartzo, feldspato e mica. Muito usado para revestir pisos. Existem diversas cores de granito e, muitas vezes, o seu nome deriva da sua cor ou do local em que fica a jazida.

Grauteamento — Aplicação de argamassa com aditivo especial que confere características de aumento de volume durante a pega, usada em base de máquinas e alvenaria estrutural.

H

Habitação — Direito real, personalíssimo, conferido a alguém, de morar gratuitamente, com sua família, na casa alheia, durante certo espaço de tempo. Casa que a pessoa ocupa e onde vive, no momento. Morada, domicílio, residência. Ao termo habitação também se dá o sentido de prédio, imóvel, alojamento.

Habite-se — Documento emitido pela prefeitura com a aprovação final de uma obra e para permitir que seja habitada.

***Hall* de entrada** — Patamar de acesso ao interior da casa.

I

Impermeabilização — Conjunto de providências que impede a infiltração de água na estrutura construída, podendo ser com filme plástico ou por aplicação de camadas de betume ou massa impermeável chamada de manta, em geral com 3 mm. Complemento por meio de proteção mecânica com massa de cimento e areia, cujo fornecimento é, em geral, de responsabilidade do contratante.

Implantação — Criação do traçado no terreno para demarcar a localização exata de cada parte da construção.

In loco — Ato de executar no local.

Inchamento — Aumento de volume sofrido pela areia quando molhada.

Infiltração — Ação de líquidos no interior das estruturas construídas. Existem dois tipos básicos: de fora para dentro, quando se refere aos danos causados pelas chuvas ou pelo lençol; e de dentro para fora, quando a construção sofre os efeitos de vazamentos ou problemas no sistema hidráulico.

J

Junta de dilatação — Recurso que impede rachaduras ou fendas. São réguas muito finas de madeira, metal ou plástico, que criam o espaço necessário para que os materiais como concreto, cimento etc. se expandam sem danificar a superfície.

L

Laje — Estrutura plana e horizontal de pedra ou concreto armado, apoiada em vigas e pilares, que divide os pavimentos da construção.

Lençol freático — Camada na qual se acumulam as águas subterrâneas. Seu rebaixamento é contratado à firma especializada em solos, que utiliza bombas para extração da água e canalização para bueiros. A prefeitura exige a utilização de caixa de coleta e decantação de sólidos antes do bota-fora, sendo aplicadas multas quando a mesma não é utilizada, implicando, inclusive, o embargo da obra.

Levantamento topográfico — Análise e descrição topográfica de um terreno.

Limite de escoamento — Tensão na qual a deformação do material aumenta rapidamente para um pequeno acréscimo de esforço que age sobre o material.

Limite elástico — Maior tensão que um material pode suportar, sem sofrer deformações permanentes.

M

Macho-fêmea — Tipo de encaixe no qual uma peça traz uma saliência e a outra, uma reentrância.

Mão-francesa — Série de tesouras. Escora. Elemento estrutural inclinado que liga um componente em balanço à parede, diminuindo o vão livre no pavimento inferior.

Marquise — Pequena cobertura que protege a porta de entrada. Cobertura, aberta lateralmente, que se projeta para além da parede da construção.

Massa — Argamassa usada no assentamento ou revestimento de tijolos, ou para executar pisos.

Massa corrida — Massa à base de PVA ou acrílico, aplicada com espátula, que dá um acabamento liso à superfície a ser pintada.

Massa fina — Mistura proporcional de areia fina, água e cal, utilizada no reboque de paredes ou muros.

Massa grossa — Mistura proporcional de areia, cal e cimento usada para emboçar ou chapiscar.

Matacão — Pedra arredondada, encontrada isolada na superfície ou no seio de massas de solos ou de rochas alteradas, com dimensão nominal mínima superior a 10 cm.

Meia-água — Telhado com apenas uma água, um só plano inclinado.

Meio-fio ou guia — Peça de pedra ou de concreto que delimita a calçada da rua.

Meio-tijolo — Parede de espessura correspondente à largura de um tijolo assentado pelo comprimento.

Memória descritiva — Descrição de todas as características de um projeto arquitetônico, especificando os materiais que serão necessários à obra, da fundação ao acabamento.

Mestre de obras — Profissional que dirige os operários em uma obra e que possui muita experiência prática em todos os tipos de serviços, mais do que o encarregado.

Mezanino — Piso intermediário que interliga dois pavimentos; piso superior que ocupa uma parte da construção e se volta para o nível inferior com o pé-direito duplo. Atualmente, construído em estrutura metálica.

Módulo de elasticidade — Relação entre o esforço e a deformação para valores abaixo do limite elástico.

Momento fletor — É chamado momento fletor numa seção transversal de uma viga o conjugado *M*, que é igual à soma algébrica dos momentos das forças exteriores que estão à esquerda da seção considerada em relação ao centro de gravidade dessa seção.

Monta-carga — Equipamento eletromecânico ou manual tipo elevador para transporte de material. Não permite transporte de pessoas, por isso pode ser aberto.

Montante — Moldura de portas, janelas etc. Peça vertical que, no caixilho, divide as folhas da janela.

Mosaico — Trabalho executado com caquinhos de vidro ou pequenos pedaços de pedras e de cerâmicas incrustados em base de argamassa, estuque ou betume ou mesmo cola.

Muro de arrimo — Muro de peso usado na contenção de terras e de pedras de encostas. Muro de contenção, comumente de pedras grandes.

Muro de contenção — Usado para contenção de terras e de pedras de encostas.

N

Nicho — Cavidade ou reentrância nas paredes, destinada a abrigar um armário ou prateleiras. É comum na composição de bares ou na exposição de obras de arte.

Nível — Instrumento que verifica a horizontalidade de uma superfície por meio de uma bolha de ar em um líquido, a fim de evitar ondulações em pisos e contrapesos.

Nivelar — Regularizar um terreno por meio de aterro ou escavação.

Norma técnica — Regra que orienta e normaliza a produção de materiais de construção.

O

Oitão — Parede lateral de uma construção situada sobre a linha divisória do terreno. O termo é muitas vezes confundido com empena, porque, nos séculos passados, era comum encontrar construções com telhado de duas águas paralelas ao alinhamento do lote.

Orientação — Posição da casa em relação aos pontos cardeais.

Ornato — Adorno. Elemento com função decorativa.

Oxidação — Ferrugem. Processo químico em que se perde o brilho pelo efeito do ar ou por processos industriais.

P

Parapeito — Proteção que atinge a altura do peito, presente em janelas, terraços, sacadas, patamares etc. Diferencia-se do guarda-corpo por se tratar de um elemento inteiro, sem grades ou balaústres. *Ver* peitoril.

Parede — Elemento de vedação ou separação de ambientes, geralmente construído em alvenaria.

Patamar — Piso intermediário que separa os lances de uma escada.

Pavimento — Andar. Conjunto de dependências de um edifício situadas em um mesmo nível.

Pé-direito — Altura entre o piso e o teto.

Pedra — Corpo sólido extraído da terra, ou parte de rochedo, que se emprega na construção de edifícios, no revestimento de pisos e em peças de acabamento.

Pedra amarroada — Pedra bruta, obtida por meio de marrão, de dimensão tal que possa ser manuseada.

Pedreiro — Profissional encarregado de levantar a alvenaria.

Pedrisco — Material proveniente da britagem de pedra, de dimensão nominal máxima inferior a 4,8 mm e de dimensão nominal mínima igual ou superior a 0,075 mm.

Pega do concreto — Início da solidificação da mistura fresca.

Peitoril — Base inferior das janelas, que se projeta além da parede e funciona como parapeito.

Pérgola — Proteção vazada, apoiada em colunas ou em balanço, composta por elementos paralelos feitos de madeira, alvenaria, betão etc.

Perspectiva — Desenho tridimensional de fachadas e ambientes.

Pilar — Elemento estrutural vertical de concreto, madeira, pedra ou alvenaria. Quando é circular, recebe o nome de coluna.

Pilastra — Pilar de quatro faces no qual uma delas está anexada ao bloco construtivo.

Pilotis — Conjunto de colunas de sustentação do prédio que deixa livre o pavimento térreo.

Piso — Base de qualquer construção. Onde se apoia o contrapeso. Andar. Pavimento.

Plano inclinado — Rampa, elemento vertical de circulação.

Planta baixa — Representação gráfica de uma construção na qual cada ambiente é visto de cima, sem o telhado, para representar os diversos compartimentos do imóvel, suas dimensões e suas diversas aberturas (esquadrias).

Planta isométrica — Tipo de perspectiva em que o desenho reproduz todos os elementos do projeto, com pontos de fuga. Muito usada para mostrar instalações hidráulicas.

Platibanda — Moldura contínua, mais larga do que saliente, que contorna uma construção acima dos frechais, formando uma proteção ou camuflagem do telhado.

Platô — Parte elevada e plana de um terreno. O mesmo que planalto.

Pó de pedra — Proveniente do britamento de pedra, dimensão nominal máxima inferior a 0,075 mm.

Policarbonato — Material sintético, transparente, inquebrável, de alta resistência, que substitui o vidro no fecho de estruturas. Garante luminosidade natural ao ambiente.

Porta — Abertura feita nas paredes, nos muros ou em painéis envidraçados, rasgada até o nível do pavimento, que serve de vedação ou acesso a um ambiente.

Pré-fabricado — Qualquer elemento produzido ou moldado industrialmente, de dimensões padronizadas. O seu uso tem como objetivo reduzir o tempo de trabalho e racionalizar os métodos construtivos.

Projeto — Plano geral de uma construção, reunindo plantas, cortes, elevações, pormenorização de instalações hidráulicas e elétricas.

Proteção de itens prontos — Uso provisório até a entrega da obra de plásticos lona de terreiro preto, gesso com sisal, folhas de compensado, papelão em rolos, mantas de flanela para sinteco etc. sobre acabamentos.

Prova de carga ou teste — Conjunto de procedimentos não destrutivos executados por firma especializada a fim de verificar se a obra está construída de acordo com o previsto no projeto. O ensaio é feito utilizando, em geral, recipientes com água e são feitas medições para verificar parâmetros de deformação, defletômeros e outros. Pode ser também procedimento destrutivo realizado em peça aleatória. São emitidos relatórios ou laudos.

Prumo, prumada — Aparelho que se resume a um fio provido com um peso em uma das extremidades. Permite verificar o paralelismo e a verticalidade de paredes e colunas.

R

Reboco — Revestimento de parede feito com massa fina, podendo receber pintura diretamente ou ser recoberto com massa corrida. Quando feita com areia não peneirada, recebe o nome de emboço; se feita com areia fina, é denominada massa fina.

Recuo — O mesmo que afastamento.

Referência de Nível (RN) — Cota determinada a que todos os projetos tomam como referência evitando erro de nível. Essa referência adotada é transportada por meio de mangueira de nível para os pontos-chave da obra, geralmente com a presença de engenheiro ou técnico, além de um mestre.

Refratário — Qualidade dos materiais que apresentam resistência a grandes temperaturas.

Rejunte — Procedimento de aplicação de pós como cimento branco, cimento, serragem fina, ou granilhas apropriadas, especiais, misturadas em líquidos ou cola PVA, para calafetar cerâmicas e as juntas da alvenaria ou as frestas entre os materiais de acabamento.

Relação água/cimento (a/c) — Relação, em massa, entre o conteúdo efetivo de água e o conteúdo de cimento Portland.

Resistência à compressão — Esforço resistido pelo concreto, estimado pela ruptura de corpos de prova.

Respaldar — Aplainar, alisar ou desempenar uma superfície, que pode ser um terreno, uma parede etc. Na linguagem dos pedreiros, também pode significar levantar as paredes.

Respaldo — Última carreira de tijolos de alvenaria no encontro com o forro.

Revestimento — Designação genérica dos materiais que são aplicados sobre as superfícies.

Rodapé — Faixa de proteção ao longo das bases das paredes, junto ao piso. Os rodapés podem ser de madeira, cerâmica, pedra, mármore etc. Os rodameios ficam a 1 m do piso e servem de bate-maca, ou proteção das paredes, enquanto os rodatetos são usados junto aos tetos.

Rufo e contrarrufo — Elementos que guarnecem os pontos de encontro entre telhados e paredes, evitando infiltração de águas pluviais na construção. Um fica disposto coroando o topo das alvenarias, e o outro entra com aba.

S

Sacada — Qualquer espaço construído que faz uma saliência sobre o paramento da parede. Teoricamente, é qualquer elemento arquitetônico que se projeta para fora das paredes sem estrutura aparente, ou seja, o mesmo que balanço.

Saguão — Sala de entrada de grandes edifícios onde começa a escadaria e onde se situam os elevadores que levam aos andares superiores.

Saibro — Tabatinga, barro, encontrado em jazidas próprias, de cor avermelhada ou amarelo-escura. Pode ser usado na composição de argamassas, concedendo-lhes plasticidade.

Sapatas — Parte mais larga e inferior do alicerce. Há dois tipos básicos: a isolada e a corrida. A primeira é um elemento de betão de forma piramidal, construído nos pontos que recebem a carga dos pilares. Como ficam isoladas, essas sapatas são interligadas pelo baldrame. Já a sapata corrida é uma pequena laje armada colocada ao longo da alvenaria que recebe o peso das paredes, distribuindo-o por uma faixa maior de terreno. Ambos os elementos são indicados para a composição de fundações assentes em terrenos firmes; é também a peça de madeira disposta sobre o pilar e que recebe todo o peso sobre si; peça em ferro colocada sobre a estaca, facilitando sua cravação.

Sarjeta — Vala, valeta, escoar águas.

Sarrafear — Desempeno de massa com emprego de régua ou sarrafo de madeira.

Sarrafo — Ripa de madeira, com largura entre 5 e 20 cm e espessura entre 0,5 e 2,5 cm.

Segregação — Separação dos componentes do concreto fresco, de tal forma que sua distribuição não seja mais uniforme.

Seixo rolado — Pedra de formato arredondado e superfície lisa, características dadas pelas águas dos rios, de onde é retirada. Existem também seixos obtidos artificialmente, rolados em máquinas.

Servente — Auxiliar dos profissionais que trabalham nas obras.

Servidão — Trecho de imóvel vizinho com área comum aos dois ou de uso deste. Passagem, para uso do público, por um terreno de propriedade particular.

Shaft — Vão na construção para passagem de tubulações e instalações verticalmente.

Shed — Originalmente, termo inglês que significa alpendre. No Brasil, designa os telhados em forma de serra, com um dos planos em vidro para favorecer a iluminação natural. Bastante comum em fábricas e galpões.

Sondagem — Contratação de firma de fundações que executa perfuração do terreno antes do início de projetos, de modo a obter dados da resistência do solo para lotes pequenos; em geral, são três furos.

T

Tensão admissível — Tensão considerada no projeto de uma estrutura.

Tensão máxima — Maior tensão que um material suporta até romper.

Torção — Efeito causado pela rotação da seção transversal de uma peça em relação ao seu eixo longitudinal.

Traço — Proporção entre os componentes da mistura de concreto.

BIBLIOGRAFIA

BASTOS, Paulo Sérgio dos Santos. **Lajes de concreto -** Estruturas de Concreto I. Faculdade de Engenharia Civil (Unesp), 2013.

BEER, Ferdinand P.; JOHNSTON JR., E. Russel. **Mecânica vetorial para engenheiros:** Estática. São Paulo: McGraw-Hill, 1998.

CAMACHO, Jefferson S. **Curso de concreto armado** (NBR 6118-2003). Estudo das Lajes. Faculdade de Engenharia de Ilha Solteira (Unesp), 2004.

CZERNIN, Wolfgang. **La química del cemento**. Barcelona: España: Ediciones Palestra, 1963.

DA SILVA JÚNIOR, Jayme Ferreira. **Método de Cross**. São Paulo: McGraw-Hill, 1975.

GOLDENHORN, Simon. **Calculista de estructuras**. Buenos Aires: Editorial H. F. Martinez de Murguia, 1978.

LEONHARDT, Fritz. **Construções de concreto.** São Paulo: Interciência, 1977.

MONTOYA, P. Jiménez. **Hormigón armado -** tomo I. Barcelona: Gustavo Gili, 2001.

OLIVEIRA, Myriam Marques de; GORFIN, Bernardo. **Estruturas isostáticas**. Rio de Janeiro: LTC, 1982.

PFEIL, Walter. **Pontes em concreto armado**. 5. ed. Rio de Janeiro: LTC, 1975.

PILOTTO NETO, Egydio. **Influência da adição de resíduos de xisto betuminoso no cimento**. Trabalho de Graduação em Engenharia Civil, Escola de Engenharia de Taubaté (Unitau), 1971.

SCHMITT, Heinrich. **Tratado de construcción.** Barcelona: Gustavo Gili.

SUPLICY DE LACERDA, Flávio. **Resistência dos materiais**. São Paulo: Globo, 1966.

SUSSEKIND, José Carlos. **Cursos de concreto** – v. 1 e v. 2. São Paulo: Globo, 1980.

ÍNDICE

A

C

D

E

F

G

I

L

M

N

O

P

Q

R

S

T

U

V